高等职业教育无人机应用技术专业系列教材

U0660914

FLIGHT CONTROL TECHNOLOGY OF UAV

无人机
飞行操控技术

主　编◎周小明

副主编◎陈怡珊　李　丽

微课版

西安电子科技大学出版社
http://www.xduph.com

内 容 简 介

本书从无人机飞行操控实践应用出发，详细介绍了无人机飞行前准备与检查、无人机飞行操控、无人机地面站飞行操控、无人机维修与保养等操作技术，通过对几种具有代表性的无人机机型的介绍，可使读者快速掌握无人机飞行操控的全流程，全面提升无人机飞行操控技术水平。

本书注重理论与实践相结合，通过技能演练操作，帮助读者将理论知识转化为实践技能。书中每个项目按照项目规划、项目引入、学习目标、思政要点、知识教学、技能演练、项目总结、课后练习和组织评价 9 部分展开教学，并提供了全方位的学习资源，让零基础的读者也能轻松学习。

本书可作为各类职业学校、应用型本科学校、高等职业教育本科学校无人机应用技术及相关专业的教材，也可作为无人机操控员培训的参考用书，还可作为无人机飞行爱好者的自学用书。

图书在版编目 (CIP) 数据

无人机飞行操控技术：微课版 / 周小明主编 . -- 西安：西安电子科技大学出版社 , 2024. 8 (2025.1重印). -- ISBN 978-7-5606-7430-8

Ⅰ. V279

中国国家版本馆 CIP 数据核字第 2024P7H382 号

策　　划　明政珠
责任编辑　薛英英
出版发行　西安电子科技大学出版社 (西安市太白南路 2 号)
电　　话　(029) 88202421　88201467　　　邮　　编　710071
网　　址　www.xduph.com　　　　　　　　电子邮箱　xdupfxb001@163.com
经　　销　新华书店
印刷单位　陕西天意印务有限责任公司
版　　次　2024 年 8 月第 1 版　2025 年 1 月第 2 次印刷
开　　本　787 毫米 × 1092 毫米　1/16　印 张　7.5
字　　数　173 千字
定　　价　39.00 元
ISBN 978-7-5606-7430-8
XDUP 7731001-2
*** 如有印装问题可调换 ***

PREFACE

前　言

　　随着科技的进步，无人机已经成为现代航空领域中一股不可忽视的力量。无人机为我们的生活带来了便利，更为各行各业提供了前所未有的可能性。这一切的背后，都离不开无人机飞行操控技术的支撑。本书就是为了帮助读者理解和掌握这一技术而编写的。

　　在编写本书的过程中，我们力求将理论与实践相结合，帮助读者全面、深入地理解无人机飞行操控的原理和方法。通过阅读本书，读者可以系统地掌握无人机飞行操控的基本知识和技能，为进一步探索和应用无人机技术打下坚实的基础。

　　本书共7个项目，内容涵盖了多种无人机机型的飞行操控，从无人机的飞行前检查到飞行后的维修与保养，从无人机飞行操控的基础知识到进阶技巧，都进行了详细的介绍。本书配有丰富的插图和实例，可帮助读者更好地理解相关内容。

　　此外，本书还配有丰富的教学视频和动画，使得阅读更加生动有趣，有助于读者加深对内容的理解。

　　为了帮助读者更好地掌握无人机飞行操控技术，本书还提供了大量的练习题和技能训练，旨在帮助读者在实际操作中更加得心应手。通过这些技能训练，读者可以逐步提高自己的操控水平，最终达到熟练、自如地操控无人机的目标。

　　在编写本书的过程中，我们得到了西安天翼智控教育科技有限公司的支持与帮助，在此对刘佳敏、邢浩朋、贺喜佳表示衷心的感谢。

　　由于无人机飞行操控技术涉及的领域广泛，而编者水平有限，因此书中难免存在不足之处，敬请广大读者批评指正。

　　最后，希望通过学习本书，读者能够掌握无人机飞行操控技术，为未来的无人机应用和发展作出贡献。

编　者

2024 年 5 月

CONTENTS

目　录

项目一　飞行前准备与检查

项目规划

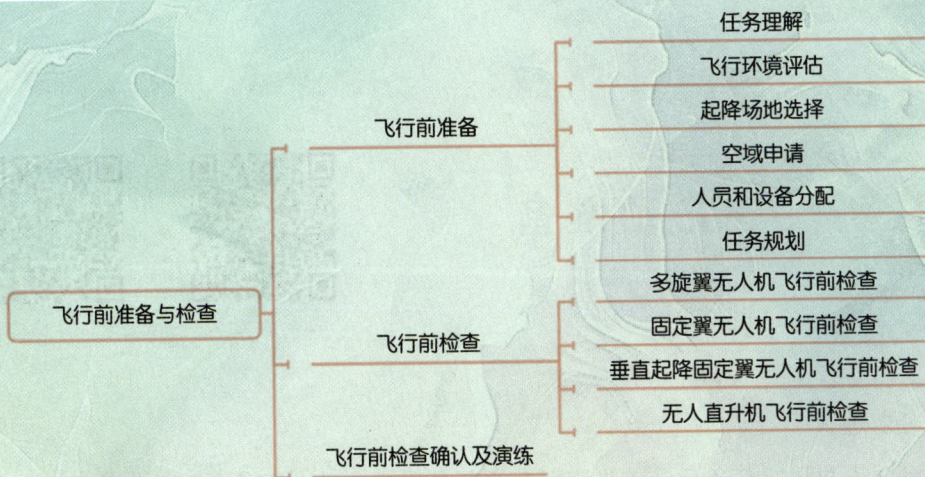

项目引入

近年来，无人机产业迅速发展，无人机行业专业技术人才的需求量也呈现逐年递增态势。作为一名无人机操控员，除了要掌握过硬的飞行技术，还需要具备无人机飞行前准备与检查的能力。缜密全面的无人机飞行前准备工作，是外场任务前的必要工作，它可以提高工作效率，使整个飞行任务能顺畅运行。飞行前检查是无人机飞行前的必要步骤，也是无人机安全飞行最重要的环节之一。掌握无人机飞行前准备和飞行前检查工作，可以培养自身的整体思维能力和严谨认真的做事态度，为未来执行无人机飞行任务提供极大帮助。

学习目标

(1) 了解飞行前准备的一般事项；
(2) 能够完成多旋翼无人机的飞行前检查操作；
(3) 能够完成固定翼无人机的飞行前检查操作；
(4) 能够完成垂直起降固定翼无人机的飞行前检查操作；
(5) 能够完成无人直升机的飞行前检查操作。

○ **思政要点**

　　无人机应用过程中会涉及飞行安全、隐私保护、数据安全、环境保护等多方面问题。在学习过程中，我们应该了解和关注无人机应用造成的社会影响，始终坚持以人为本、安全为先的理念，提高自身的敬业精神、责任意识和服务意识。

○ **知识教学**

任务一　飞行前准备

飞行前准备　　飞行环境评估
（动画）

1. 任务理解

　　收到无人机飞行任务后，首先需要分析任务需求，理解任务并确认本次飞行的目的，如侦察、监测、测绘等。

2. 飞行环境评估

　　根据任务目标和收集到的数据确定任务区域。对无人机飞行所处的环境进行评估，以确定无人机能否在该环境下安全飞行。通过对飞行环境的评估，可以帮助无人机操控员准确地了解飞行区域的情况。飞行环境评估需要考虑的因素包括但不限于以下几个方面：

　　(1) 评估飞行区域的气温、风速、降雨量等天气条件，以确定无人机是否能够在该天气条件下安全飞行。

　　(2) 评估飞行区域的空域使用限制，包括低空飞行限制、禁飞区、军事管制区等。

　　(3) 评估飞行区域的地形地貌，包括山丘、峡谷、沙漠等地形特征，以便确定无人机的高度限制、飞行速度等。

　　(4) 评估飞行区域的通信信号情况，包括无线电信号、GPS 信号等，以确保无人机的遥控信号和数据传输信号的稳定性。

　　(5) 评估飞行区域的安全风险，包括人员密集区域、交通繁忙区域等，以确保无人机飞行过程中不会对人员和财产造成损害。

3. 起降场地选择

　　选择适合无人机飞行的起降场地，主要考虑障碍物高度是否影响起降，如山体、楼房、树木等；考察通视条件和无线电环境是否影响无人机的通信和导航系统；起降场地应避开人员聚集地或居民区，否则会影响到群众安全。

4. 空域申请

确认完飞行空域、飞行时间、使用的无人机型号和无人机操控员等信息后，组织无人机飞行活动的单位或个人应在拟飞前一日 12 点前通过民用无人驾驶航空器综合管理平台 (UOM) 提出飞行活动申请。空中交通管理机构会在飞行前一日 21 点前作出批准或不予批准的决定。

5. 人员和设备分配

1) 分配原则

人员和设备分配是指在无人机飞行任务中，根据任务的性质、复杂程度、规模和时间等要素，合理分配无人机设备和人员的过程。合理的人员和设备分配是无人机飞行任务成功完成的重要保障。在无人机飞行任务中，人员和设备的分配需要考虑以下几个方面。

(1) 任务性质和要求：不同的任务性质和要求需要不同的设备和人员。例如，对于复杂的无人机飞行任务，需要技术熟练的无人机操控员和专业的机务人员等。

(2) 任务复杂程度：任务的复杂程度越高，所需要的人员和设备也越多。例如，在执行涉及大范围地形测绘与精准数据采集的复杂任务时，要求携带额外的数据存储设备以及必要的维护与应急工具。

(3) 任务规模和时间：任务规模越大，所需要的人员和设备也越多。同时，任务的时间也会影响设备和人员的分配。例如，对于需要跨昼夜连续执行的大型救援任务，为了确保任务不间断进行，必须预先规划夜间照明设备以及轮班工作的专业人员。

(4) 任务环境：任务的环境也会影响人员和设备的分配。例如，在海上执行任务需要特别的装备和人员。

在人员和设备分配过程中，需要根据任务需求和实际情况制订详细的分配方案，确定人员和设备的数量与配置，保证无人机飞行任务的顺利进行。同时，还需要在任务执行过程中根据实际情况进行调整和优化，确保无人机飞行任务能够按照预期计划完成。

2) 人员分工

确认执行任务的人员以后，需要对人员进行分工，发挥各自长处，各司其职，如任务负责人、机务人员、地面站操控员和飞行操控员等。

3) 设备清点和测试

确认本次飞行任务所需的设备以后，需要进行设备清点、设备测试和飞行前维护工作，如外观检查、通电功能检查、固件升级、电池充电等。

6. 任务规划

1) 制订任务计划

对本次飞行任务进行合理的规划，包括任务的时间、资源、成本等方面的要求及约束条件，并确定任务的阶段和重要节点。

2) 作业周期把控和风险防范

无人机作业过程中需要对作业周期进行把控并制订相应的风险防范措施，确保无人机作业的顺利进行，最大限度地保证无人机作业的安全和有效性。

任务二　飞行前检查

多旋翼无人机
飞行前检查

1. 多旋翼无人机飞行前检查

各型号多旋翼无人机飞行前检查(简称飞前检查)内容和类别大同小异，现以经纬 M300 为例对多旋翼无人机的飞行前检查事项进行说明。

1) 飞行环境检查

(1) 恶劣天气下请勿飞行，如大风、低温、下雪、下雨、有雾等天气。

(2) 选择开阔、周围无高大建筑物的场所作为飞行场地。大量使用钢筋的建筑物会影响指南针工作，而且会遮挡 GNSS 信号，导致无人机定位效果变差甚至无法定位。

(3) 保持在视线内飞行，远离障碍物、人群、水面(建议距离水面 3 m 以上)等。

(4) 勿在有高压线、通信基站或发射塔等的区域飞行，以免无人机通信和定位受到干扰。

(5) 在高海拔地区飞行时，由于环境因素导致无人机电池及动力系统性能下降，无人机性能将会受到影响，应谨慎飞行。

(6) 勿在移动的物体表面起飞(如行进中的汽车、船只等)。

(7) 夜间飞行勿关闭补光灯，并开启夜航灯，以保证飞行安全。

(8) 起降时要避开沙尘路面，否则会影响电动机的使用寿命。

2) 机务检查

(1) 无人机的电池电量充足。

(2) 机臂展开且机臂套筒、起落架、电池均锁紧至指示位置。

(3) 电动机及桨叶固定可靠、无松动。

(4) 电动机无卡转，桨叶无破损。

3) 地面站检查

(1) 检查遥控器外观及屏幕无损坏。

(2) 检查遥控器摇杆及按键无损坏且功能正常。

(3) 检查遥控器天线已打开到合适位置。

(4) 查看无人机的健康信息、飞行挡位、智能飞行电池电量、遥控器电池电量、返航点状态、RTK 状态以及相机 MicroSD 卡的存储信息。

(5) 设置返航高度、失联动作、限高、限远，刷新返航点，选择摇杆模式，设置电量报警阈值、避障行为、避障开关和避障距离，如图 1-1 所示。

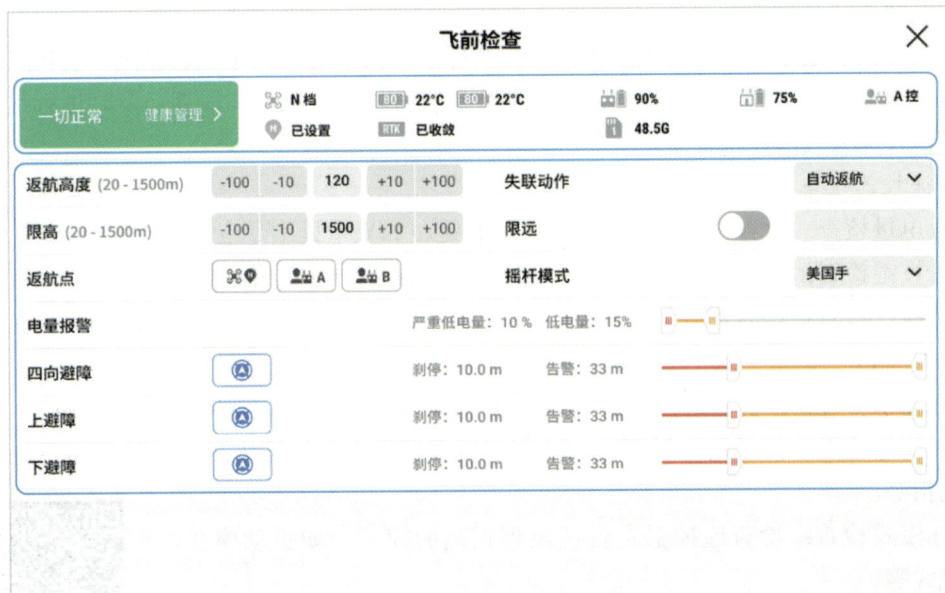

图 1-1　飞前检查

2. 固定翼无人机飞行前检查

大多数小型固定翼无人机布局类似，现以冲浪者 X8 为例，对固定翼无人机的飞行前检查事项进行说明。

1) 飞行环境检查

(1) 飞行场地：固定翼无人机需要足够平坦、开阔的场地进行起降和飞行操作。飞行场地应远离高压电线、电缆、建筑物等障碍物。

固定翼无人机
飞行前检查

(2) 天气条件：固定翼无人机飞行时需要避开恶劣天气，如强风、大雨、大雪、雷电等，在飞行前应查看天气预报，确保飞行的天气条件符合安全要求。

(3) 飞行高度：固定翼无人机的飞行高度应符合相关法律法规和政策要求。在低空飞行时，应避免与建筑物、地面设备等障碍物发生碰撞。

(4) 飞行区域：固定翼无人机应在规定范围内飞行。飞行时应避免进入禁飞区、敏感区域等。

(5) 通信信号：固定翼无人机需要与地面控制中心、遥控器等设备进行通信。在飞行前需要检查通信信号是否正常、是否有干扰等情况。

2) 机务检查

(1) 外观检查：检查机身、机翼、尾翼、螺旋桨等外部部件是否完好，主要检查是否有明显的裂纹、磨损、变形等情况。

(2) 电池检查：检查电池是否完好，电量是否充足，并检查电池连接器是否牢固。

(3) 传感器检查：检查飞行控制器、GPS、罗盘等传感器是否正常工作。

(4) 操纵系统检查：检查飞行操纵系统是否正常，包括舵面、连杆、舵角等部分是否

灵活，舵面反馈是否正常。

在机务检查过程中，需要按照相关的检查标准和要求进行操作，确保无人机在飞行前处于安全、稳定、可靠的状态。同时，需要注意机务检查的频率和周期，及时进行维护和保养，延长无人机的使用寿命。

3) 遥控器检查

(1) 电量检查：检查遥控器电池电量是否充足，如果电量不足应及时更换或充电。

(2) 按键检查：检查遥控器按键是否灵敏，是否存在卡顿现象。

(3) 摇杆检查：检查遥控器摇杆是否灵敏，有无卡顿现象，是否能够正常控制无人机的飞行方向和高度。

(4) 显示屏检查：检查遥控器的显示屏有无损坏，是否可以正常显示遥控器信息。

(5) 信号检查：打开遥控器开关，检查是否能够正常连接无人机，遥控器是否能够正常发送指令。

(6) 模式检查：检查遥控器是否切换到正确的模式，如手动模式、自动模式等。

垂直起降固定翼
无人机飞行前检查

3. 垂直起降固定翼无人机飞行前检查

各型号垂直起降固定翼无人机飞行前检查内容和类别大同小异，现以奋斗者搭载极智飞控为例，对垂直起降固定翼无人机的飞行前检查事项进行说明。

1) 飞行环境检查

垂直起降固定翼无人机所需的飞行环境与多旋翼无人机类似，可参考多旋翼无人机对飞行环境的要求。需要额外注意的是，垂直起降固定翼无人机对起降场地的要求更高一些。

垂直起降固定翼
无人机起飞降落
净空要求（动画）

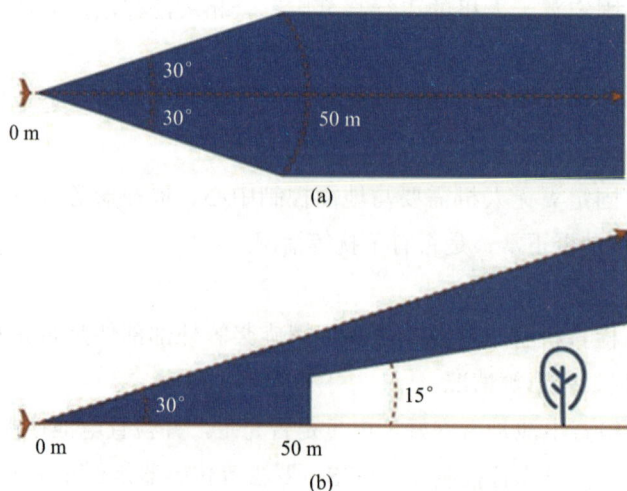

(1) 起飞净空要求：如图 1-2 所示，必须保证蓝色区域内无障碍物，起飞点前方 50 m 半径范围内左右 30° 的扇形区域必须是一个绝对净空区域。

(a)

(b)

图 1-2　垂直起降固定翼无人机起飞净空要求

(2) 降落净空要求：当垂直起降固定翼无人机进入降落路径时，着陆方向左右 15 m 的范围内要求没有障碍物，如图 1-3 所示。

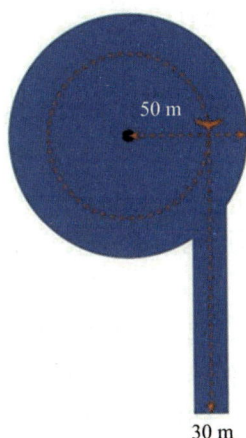

图 1-3 垂直起降固定翼无人机降落净空要求

2) 机务检查

(1) 检查动力电池是否有损坏，安装后是否松动，电量是否充足。

(2) 检查螺旋桨是否有损坏，安装是否正确。

(3) 检查机翼、尾翼、机臂和机身等是否有损坏。

(4) 检查机臂、机翼、尾翼安装是否可靠。

(5) 检查空速管是否损坏、堵塞。

(6) 检查数传天线、GPS 天线等安装是否可靠。

3) 地面站检查

(1) 检查笔记本电脑的电量是否充足。

(2) 检查数传天线及接线是否牢靠。

(3) 晃动无人机，检查所有舵面反馈是否正常。

(4) 检查遥控器挡位是否处于"全自动模式"。

(5) 点击"多旋翼电动机测试"，多旋翼电动机将从机身右前方电动机开始，按顺时针顺序逐个测试，每个电动机将以怠速值测试 3 s，观察电动机测试顺序与旋转方向是否正确。

(6) 转动机身，检查当前航向显示是否与实际一致。此时需要有航向参照物，如太阳、马路、建筑物、指南针等。

> **提示：**
> • 若磁航向偏差＞15°，则建议重新校准；
> • 若磁航向偏差＞25°，则必须重新校准。

(7) 对准空速管的动压孔吹气，使空速大于 10 m/s。

4. 无人直升机飞行前检查

各型号无人直升机飞行前检查内容和类别大同小异，现以亚拓450L为例，对无人直升机飞行前检查事项进行说明。

1) 飞行环境检查

无人直升机对飞行环境的要求和多旋翼无人机类似，可参考多旋翼无人机的飞行环境检查内容。

无人直升机
飞行前检查

2) 机务检查

为了确保无人直升机的安全飞行，机务检查是必不可少的。无人直升机机务检查的一般步骤如下：

(1) 外观检查：检查机身、尾翼、起落架等部件是否损坏。

(2) 内部检查：检查电子设备、传感器等是否正常工作。

(3) 动力系统检查：检查电池、电动机、电调、传动系统和螺旋桨等是否正常工作。

(4) 控制系统检查：检查陀螺仪、舵机等是否正常工作。

3) 遥控器检查

对于无人直升机遥控器的检查，可以按照以下步骤进行：

(1) 电源检查：检查遥控器的电池电量是否充足，若电量不足应及时更换电池。

(2) 连接检查：检查无人直升机和遥控器之间的连接是否正常，是否存在干扰。

(3) 功能检查：检查遥控器的摇杆和开关是否正常。

技能演练

多旋翼无人机飞行前检查确认单如表1-1所示。

表1-1　多旋翼无人机飞行前检查确认单

多旋翼无人机飞行前检查确认单			
机型：		飞行时间：	
地点：		检查人：	
序号	检查项目	检查内容	是否满足要求
飞行环境检查			
1	恶劣天气	无恶劣天气，如大风和低温等	□是　□否
2	场地开阔	无高大建筑物	□是　□否
3	障碍物	无障碍物、人群和水面等	□是　□否
4	干扰物	无高压线和发射塔等	□是　□否
5	海拔	当地海拔低于无人机升限	□是　□否
6	移动物体	不在移动物体表面起飞	□是　□否
7	夜航灯	开启补光灯和夜航灯	□是　□否
8	沙尘路面	起降避开沙尘路面	□是　□否

续表

机务检查				
1	电量	电量充足	□是	□否
2	机臂	无破损，锁紧至指示位置	□是	□否
3	起落架	无破损，锁紧至指示位置	□是	□否
4	电池锁	锁紧至指示位置	□是	□否
5	电动机	固定可靠，无卡转	□是	□否
6	桨叶	固定可靠，无破损	□是	□否
地面站检查				
1	遥控器外观	外观无损坏	□是	□否
2	摇杆及按键	无损坏且功能正常	□是	□否
3	天线	已打开到合适位置	□是	□否
4	飞前检查	健康信息、飞行挡位、电池电量等正常	□是	□否
5	设置项目	返航高度、失控动作、摇杆模式等设置合理	□是	□否

固定翼无人机飞行前检查确认单如表 1-2 所示。

表 1-2　固定翼无人机飞行前检查确认单

固定翼无人机飞行前检查确认单			
机型：		飞行时间：	
地点：		检查人：	
序号	检查项目	检查内容	是否满足要求
飞行环境检查			
1	飞行场地	平坦、开阔，远离高压线和建筑物等	□是　□否
2	天气条件	避免恶劣天气，如强风和大雨等	□是　□否
3	飞行高度	符合相关法律法规和政策要求	□是　□否
4	飞行区域	避免进入禁飞区和敏感区域等	□是　□否
5	通信信号	通信信号正常，无电磁干扰情况	□是　□否
机务检查			
1	外观	机身、机翼、尾翼和螺旋桨等外部部件完好	□是　□否
2	电池	外观完好，电量充足，电池连接牢固	□是　□否
3	传感器	飞控、GPS 和罗盘安装牢固，工作正常	□是　□否
4	操纵系统	舵面、连杆和舵角等灵活，舵面反馈正常	□是　□否
遥控器检查			
1	电量	遥控器电量充足	□是　□否
2	按键	按键灵敏、正常，不存在卡顿现象	□是　□否
3	摇杆	遥控器摇杆灵敏，不存在卡顿现象	□是　□否
4	显示屏	显示屏无损坏，正常显示遥控器信息	□是　□否
5	信号	可以正常连接无人机，发送遥控指令	□是　□否
6	模式	可以正常切换模式	□是　□否

垂直起降固定翼无人机飞行前检查确认单如表 1-3 所示。

表 1-3　垂直起降固定翼无人机飞行前检查确认单

垂直起降固定翼无人机飞行前检查确认单			
机型：		飞行时间：	
地点：		检查人：	
序号	检查项目	检查内容	是否满足要求
飞行环境检查			
1	恶劣天气	无恶劣天气，如大风和低温等	□是　□否
2	场地开阔	无高大建筑物，起飞和降落方向绝对净空	□是　□否
3	障碍物	无障碍物、人群和水面等	□是　□否
4	干扰物	无高压线和发射塔等	□是　□否
5	海拔	当地海拔低于无人机升限	□是　□否
6	移动物体	不在移动物体表面起飞	□是　□否
7	沙尘路面	起降避开沙尘路面	□是　□否
机务检查			
1	动力电池	动力电池无损坏，无松动，电量充足	□是　□否
2	螺旋桨	螺旋桨无损坏，安装正确	□是　□否
3	各部件外观	机翼、尾翼、机臂和机身等无损坏	□是　□否
4	各部件安装	机臂、机翼、尾翼安装可靠	□是　□否
5	空速管	空速管无损坏、堵塞	□是　□否
6	天线	数传天线，GPS 天线等安装可靠	□是　□否
地面站检查			
1	电脑电量	电脑电量充足	□是　□否
2	数传接线	数传天线及接线牢靠	□是　□否
3	舵面反馈	所有舵面反馈正常	□是　□否
4	遥控器挡位	处于"全自动模式"	□是　□否
5	旋翼电动机	多旋翼电动机转向和转动正常	□是　□否
6	航向检查	当前航向与实际航向一致	□是　□否
7	动压测试	动压测试正常	□是　□否

无人直升机飞行前检查确认单如表 1-4 所示。

表 1-4　无人直升机飞行前检查确认单

无人直升机飞行前检查确认单			
机型：		飞行时间：	
地点：		检查人：	
序号	检查项目	检查内容	是否满足要求
飞行环境检查			
1	恶劣天气	无恶劣天气，如大风和低温等	□是　□否
2	场地开阔	无高大建筑物	□是　□否
3	障碍物	无障碍物、人群和水面等	□是　□否
4	干扰物	无高压线和发射塔等	□是　□否
5	海拔	当地海拔低于无人机升限	□是　□否
6	移动物体	不在移动物体表面起飞	□是　□否
7	沙尘路面	起降避开沙尘路面	□是　□否
机务检查			
1	外观	机身、尾翼和起落架等部件正常	□是　□否
2	内部部件	电子设备和传感器等部件正常	□是　□否
3	动力系统	电池、电动机、电调、传动系统和螺旋桨等正常	□是　□否
4	控制系统	陀螺仪和舵机等正常	□是　□否
遥控器检查			
1	电源	电量充足	□是　□否
2	通信连接	无人机和遥控器通信正常	□是　□否
3	功能	摇杆和开关正常	□是　□否

飞行前准备与检查实训记录表如表 1-5 所示。

表 1-5　实训记录表

飞行前准备与检查			
组号		指导教师	
姓名		学号	
组员	姓名：＿＿＿＿＿＿	学号：＿＿＿＿＿＿	
	姓名：＿＿＿＿＿＿	学号：＿＿＿＿＿＿	
	姓名：＿＿＿＿＿＿	学号：＿＿＿＿＿＿	
实训目的	1. 能够掌握常见 4 种机型无人机的飞行前检查事项 2. 培养严谨认真的航空精神 3. 积极勤奋地学习专业知识技能，以满足行业发展需要		
实训环境	室外飞行场地		
实训设备	经纬 M300 多旋翼无人机 1 套、冲浪者 X8 固定翼无人机 1 套、奋斗者垂直起降固定翼无人机 1 套 (极智飞控)、亚拓 450L 无人直升机 1 套		
实训内容	多旋翼无人机、固定翼无人机、垂直起降固定翼无人机和无人直升机的飞行前检查		
实训过程			
前期准备	1. 理论知识学习		
	2. 相关资料查阅		
	3. 设备、工具和材料准备		

续表

实训过程	
实训步骤	1. 具体操作方法
	2. 实训过程中遇到的问题及解决方法
	3. 你将如何进一步提高自身的实训操作能力
实训收获	1. 通过这次实训学到了哪些知识和技能
	2. 通过这次实训你对学习的理论知识有了哪些新的认识

项目总结

　　本项目首先介绍了无人机飞行前的准备事项，然后分别介绍了多旋翼无人机、固定翼无人机、垂直起降固定翼无人机和无人直升机4种机型在环境、机务和地面站（遥控器）3方面的飞行前检查，通过飞行前准备和飞行前检查的学习，可为后续无人机的安全飞行提供坚实的保障。

课后练习

　　1. 无人机的飞行前准备有哪些内容？
　　答：无人机的飞行前准备包括任务理解、飞行环境评估、人员和设备分配以及任务规划 4 个方面。

2. 人员和设备的分配主要考虑哪些因素？

答：人员和设备的分配主要考虑任务性质和要求、任务复杂程度、任务规模和时间、任务环境 4 方面因素。

3. 一个飞行任务组一般包括哪些人员？

答：一个飞行任务组一般包括机务人员、地面站操控员和飞行操控员等。

4. 多旋翼无人机外观检查项目有哪些？

答：多旋翼无人机外观检查项目包括电池、机臂、起落架、电池锁、电动机和桨叶等。

5. 垂直起降固定翼无人机外观检查项目有哪些？

答：垂直起降固定翼无人机外观检查项目包括动力电池、螺旋桨、机翼、尾翼、机臂、机身和空速管等。

组织评价

教师对学生学习过程与学习结果进行评价，并将评价结果填入表 1-6。

表 1-6　教师综合评价表

姓名：	班级：	学号：		
学习任务				
学习过程				
评价项目	评价要求		分值	得分
资源素材搜集学习状况	针对引导问题独立搜集相关资料，完成隐性素材资源的学习		10	
学习态度	态度端正、积极，无无故缺勤、迟到、早退现象		10	
团队意识	与小组成员、同学之间相互交流探讨		5	
职业素质	有耐心，细心，有较强的观察分析能力，有质量意识		10	
创新意识	结合任务内容，能发现问题并提出解决问题的思路		5	
学习结果				
评价项目	评价要求		分值	得分
知识能力	了解飞行前准备的一般事项		20	
实践技能	1.能够完成多旋翼无人机的飞行前检查操作 2.能够完成固定翼无人机的飞行前检查操作 3.能够完成垂直起降固定翼无人机的飞行前检查操作 4.能够完成无人直升机的飞行前检查操作		40	
合计				

项目二　多旋翼无人机飞行操控

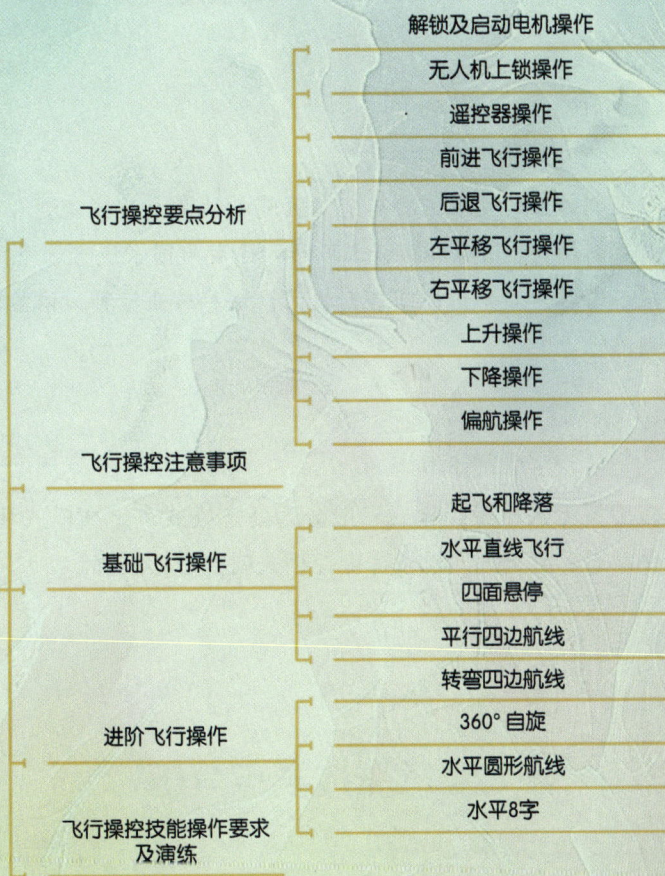

项目规划

多旋翼无人机飞行操控
- 飞行操控要点分析
  - 解锁及启动电机操作
  - 无人机上锁操作
  - 遥控器操作
  - 前进飞行操作
  - 后退飞行操作
  - 左平移飞行操作
  - 右平移飞行操作
  - 上升操作
  - 下降操作
  - 偏航操作
- 飞行操控注意事项
- 基础飞行操作
  - 起飞和降落
  - 水平直线飞行
  - 四面悬停
  - 平行四边航线
  - 转弯四边航线
- 进阶飞行操作
  - 360° 自旋
  - 水平圆形航线
  - 水平8字
- 飞行操控技能操作要求及演练

项目引入

近年来，随着多旋翼无人机产业发展持续增速，其在经济建设中的作用日益突出。多旋翼无人机与其他类型无人机相比，操作相对简单，能够垂直起降，对起降场地要求相对较低，在航空摄影、电力巡检、物资投送、通信中继等领域得到广泛应用。随着多旋翼无人机技术走向成熟，多旋翼无人机日趋智能化、自主化、轻量化、集成化和专业化，更多的多旋翼无人机应用领域得到开发，市场对多旋翼无人机操控人才的需求随之增加，目前多旋翼无人机操控人才十分紧缺，具备实际操作能力的多旋翼无人机操控及维护人员已成为炙手可热的高薪人才。

学习目标

(1) 掌握多旋翼无人机飞行操控要点；

(2) 了解多旋翼无人机飞行操控注意事项；

(3) 能够进行多旋翼无人机起飞与降落、水平直线运动、四面悬停、水平四边航线基础飞行操作；

(4) 能够进行多旋翼无人机转弯四边航线、360° 自旋、水平圆形航线和水平 8 字进阶飞行操作。

思政要点

中国制造业的发展需要具有工匠精神的高素质技能型人才作为支撑，工匠精神的核心要素是创新精神，培育和弘扬工匠精神已成为国家战略和全民共识。因此，在学习过程中，我们应不断学习新知识、掌握新技术、培养敬业精神，依靠实践积累先进经验，探究工匠精神新路径。

知识教学

多旋翼无人机操控模式一般分为姿态模式、定高模式和 GPS 模式，本项目以姿态模式为例，对多旋翼无人机飞行操控相关内容进行讲解。

任务一 飞行操控要点分析

旋翼类无人机解锁
及电动机启动

1. 解锁及启动电动机操作

无人机解锁及启动电动机操作因无人机型号不同而略有差异，一般可分为地面站解锁和遥控器解锁两种方式，遥控器解锁根据飞控类型不同又常分为"内八"和"外八"两种解锁形式。无人机解锁流程具体如下：

(1) 打开遥控器和地面站软件；

(2) 启动无人机，确保遥控器、地面站和无人机通信正常；

(3) 完成飞行前检查事项，确保无人机处于可以正常飞行的状态；

(4) 解锁无人机。

如图 2-1 所示，采用遥控器对无人机解锁时需对遥控器控制摇杆进行内八或外八操作并保持 1～3 s 以上。如果使用地面站进行解锁，只需点击地面站"解锁"按键，即可对无人机进行解锁。当无人机发出声音提示且螺旋桨进入怠速状态时，表示无人机解锁成功。

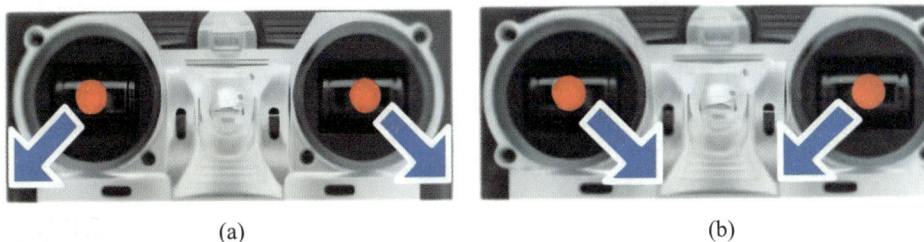

(a)   (b)

图 2-1　遥控器外八和内八解锁

2. 无人机上锁操作

当无人机进入怠速状态后，不进行任何操作无人机会自动上锁，也可以使用遥控器进行内八或外八操作提前上锁。另外，在无人机怠速状态下，同样可点击地面站"上锁"按键进行上锁操作。上锁成功后，无人机会有声音提示且电动机停止转动。

3. 遥控器操作

(1) 将遥控器天线调整至正对无人机的方向，双手持控，遥控器高度与腹部平齐，如图 2-2 所示。

多旋翼无人机
遥控器操作

图 2-2　遥控器持法

(2) 若长时间操控无人机，可使用遥控器挂带配合托举遥控器，避免长时间持控导致双手麻木僵硬。

(3) 遥控器摇杆控制手法分为单指控制和双指控制。单指控制是指仅使用大拇指控制摇杆，控制更加灵活，适合大幅度操控摇杆的场景。双指控制即使用食指和大拇指两根手指控制摇杆，适合细腻操控摇杆的场景。在飞行操作时，禁止"弹杆"，禁止手指长时间脱离摇杆，禁止快速猛烈拨动摇杆。

(4) 遥控器的开关通常使用食指和中指控制，控制过程中应避免误触影响摇杆控制。

4. 前进飞行操作

无人机进行前进飞行操作时，缓缓推动升降舵摇杆，无人机会向前运动。升降舵摇杆推动幅度越大，无人机前进速度则越快，在无人机即将到达指定位置时停止推动升降舵摇杆，并匀速下拉升降舵摇杆直至无人机停止前进。注意，下拉升降舵摇杆时不要太快，否则会导致无人机向后运动。通常情况下，经过反复操作升降舵摇杆，无人机将在一定位置保持稳定悬停。

5. 后退飞行操作

无人机后退飞行操作与前进飞行操作类似，区别是需要下拉升降舵摇杆。日常飞行练习时，前进飞行操作和后退飞行操作可交替训练。

多旋翼无人机
前进后退飞行

6. 左平移飞行操作

无人机进行左平移飞行操作时，缓缓向左拨动副翼摇杆，无人机会向左做平移运动。副翼摇杆拨动幅度越大，无人机平移速度则越快，在无人机即将到达指定位置时停止拨动副翼摇杆，并匀速反向回拨副翼摇杆直至无人机停止前进。注意，回拨副翼摇杆时不要太猛，否则会导致无人机向右平移运动。通常情况下，经过几次反复操作副翼摇杆，无人机将在一定位置保持稳定悬停。

7. 右平移飞行操作

无人机右平移飞行操作与左平移飞行操作唯一的区别是副翼摇杆拨动方向相反。日常飞行练习时，左平移飞行操作与右平移飞行操作可交替训练。

多旋翼无人机
左右平移飞行

8. 上升操作

无人机进行上升操作时，缓缓推动油门摇杆，无人机会逐渐上升。油门摇杆推动越多，无人机上升速度则越快，在无人机即将升到指定高度或者上升速度达到操作限度时停止推动油门摇杆，并向下匀速降低油门直至无人机停止上升。注意，降低油门时不要降得太猛，否则会导致无人机下降。通常情况下，在经过反复油门摇杆操作后，无人机将在一定高度保持稳定悬停。

多旋翼无人机
上升下降飞行

9. 下降操作

无人机下降过程的操作方法与上升操作相反。下降前，确保无人机已经达到足够的高度并处于稳定悬停状态。下降时，缓慢下拉油门摇杆，在无人机有较为明显的下降时，停止下拉油门摇杆。注意，下降时不要让无人机过于接近地面，在即将到达一定高度时，需

缓慢向上推动油门摇杆迫使无人机下降速度减慢，直至无人机停止下降。下降过程中如果出现下降的高度快要接近地面，但是无人机无法停止下降的情况时，无人机操控员需要在确定无人机姿态良好的前提下快速推动油门摇杆。若无人机姿态过于偏斜，则不可加速推动油门，否则会发生危险。

10. 偏航操作

1) 左偏航操作

无人机左偏航是使用方向舵摇杆操纵无人机向左偏转的操作。左偏航包括左转弯和逆时针旋转两种模式。

多旋翼无人机
左右偏航飞行

左转弯操作需要使用前进操作来配合，首先使用升降舵让无人机前行，然后缓慢向左拨动方向舵摇杆并保持大约 2～4 s，无人机实现向左转弯。此时即可将方向舵摇杆回中。

逆时针旋转操作相对简单，不需要使用前进操作进行配合，只需要轻轻将方向舵摇杆向左拨动即可，无人机会像陀螺一样进行原地旋转。在旋转过程中需保持无人机在指定位置，当无人机开始轻微向左转动时停止拨动方向舵摇杆，并保持方向舵摇杆现有位置，无人机会慢慢开始转动。注意，如果无人机旋转时出现无法控制的现象，应立刻让方向舵摇杆回中。

2) 右偏航操作

无人机右偏航操作同左偏航操作类似，区别是需要将方向舵摇杆向右拨动，同样包括右转弯和顺时针旋转两种模式。日常飞行练习时，右偏航和左偏航可交替进行操作训练，这样能够在很大程度上提高无人机操控的水平。

任务二　飞行操控注意事项

多旋翼无人机飞行操控注意事项包括以下几点：

(1) 起飞时注意让无人机的尾部朝向自己，以防操控员方向判断错误。

(2) 飞行时尽可能在视距内飞行，保证无人机处于自己的视线范围内，不要让无人机飞到障碍物后方。

(3) 出于安全考虑，请勿在大风、潮湿、雨雪、寒冷、暴热、雾霾、沙尘以及低气压等极端天气环境下飞行。飞行前，一定要事先了解当地的天气情况，如果飞行过程中遇到突发恶劣天气一定要立刻返航。

(4) 无人机在高楼建筑中间飞行时，可能会发生无法正常通信的情况进而使无人机失控，因此，尽可能选择空旷且无遮挡的环境进行飞行，既易于无人机操控员观察无人机，又能为错误的打杆操作留出空间。

（5）飞行区域不应有强烈的干扰电磁场，无人机内部的磁罗盘在无人机的悬停和飞行中起着至关重要的作用，一旦磁罗盘受到干扰，无人机将无法分辨方向。因此，在飞行中应远离钢铁建筑、变电站、高压电线等强磁场环境。如果磁罗盘曾受到干扰或更换飞行场地，要及时将其校准。

（6）起飞后，必须持续关注无人机的飞行状态，实时掌握无人机的飞行数据，确保飞行时各项数据指标正常；远距离飞行时，要求安全员通过对讲机实时汇报无人机的飞行状态。

（7）遥控器打杆操作时切忌快而猛地把遥控器摇杆打到极限位置，因为遥控器摇杆杆量与无人机速度成正比，打杆量小时飞行速度慢，打杆量大时飞行速度快。飞行时，建议使用小杆量进行飞行。

（8）出于安全考虑，无人机坠落的冲击力和螺旋桨都可能造成人员伤害等严重后果，故飞行时需要远离人群。演示作业时如有客户或围观群众，必须要求他们距离无人机15 m以上，不得靠近，如有靠近，为保证安全无人机不得起飞。

（9）在鸟类密集的地方，某些鸟类有强烈的领地意识，会攻击进入自己领地的飞行物，故进行无人机飞行时要远离鸟群。

（10）风筝线会给无人机的飞行带来风险，无人机起飞前要注意观察周围是否有人放风筝。

（11）无人机电量耗尽会引起严重后果，飞行时要注意剩余电量，不要轻易取消低电量警告设置。必须确保无人机有足够的电量能够安全返航，以免发生因电量严重不足在返航途中就强制降落或者在空中耗尽电量直接坠毁的事故。飞行中切勿贪飞，不要挑战无人机飞行极限，要预留返航中遇到突发紧急情况的电量，可少飞几分钟并多准备几块电池。

（12）错舵在无人机操作中极其危险，具体是指实际的打舵操作与应该打舵的方向相反，对侧和对尾操作都会增加错舵的风险。在操作过程中，过度紧张会增加错舵的概率，无人机操控员应注意保持和及时调整自身的心理状态，降低发生错舵的概率。

（13）飞行过程中需时刻注意无人机的位置、方向和远近，过远会看不清无人机的姿态，进而导致方向感迷失，无法正确地控制无人机。

（14）若无人机发生较大故障不可避免发生坠机时，首先必须要确保人员安全。

（15）无人机飞行结束降落后，必须确保遥控器已加锁，然后切断无人机电源。

（16）飞行完后检查电池电量，并进行无人机外观检查和机载设备检查。

任务三　基础飞行操作

起飞和降落（实操）

1. 起飞和降落

起飞和降落是无人机飞行过程的首要操作，必须熟练掌握这两种最简单的飞行操作，才能更好地操控无人机。无人机的起飞和降落需要在宽敞平坦的地面上进行，如空草地、水泥地、沥青地面等，以免无人机发生侧翻。在起飞和降落的操作中需要保证无人机的稳定，摆动幅度不可过大，否则降落和起飞时会造成螺旋桨的损坏。

1) 起飞

解锁无人机后，缓慢推动油门摇杆等待无人机起飞，推杆的幅度要轻缓一些，尽量避免无人机在地面附近悬停。当无人机到达适合的高度时，调整油门大小，使无人机处于空中悬停的状态。此时无人机的飞行高度、旋转角度均保持不变。在无人机上升过程中，切记一定要在无人机操控员的可视范围内飞行。

2) 降落

无人机降落时，先将无人机飞至平坦着陆点的上方 50 cm 处，然后再次下拉油门摇杆让无人机缓慢降低直至降落。下降时一定要慢，以免气流影响无人机的稳定性。无人机操控员与着陆点至少保持 5 m 的安全距离，待螺旋桨完全停下后再去拿无人机。注意先关无人机，再关遥控器。

2. 水平直线飞行

无人机水平直线飞行是无人机操作的基本动作之一，是指无人机只在一个方向上直线飞行。无人机直线飞行包括前、后、左、右飞行几种。理想状态下，直线飞行只需将无人机上升到一定高度后调整好角度，往特定方向拨动摇杆即可。但是在现实的飞行过程中，由于飞控传感器和算法的问题，无人机并不能达到理想的配平角度。无人机的飞行姿态也会受到风的影响，需要无人机操控员不断调整无人机姿态。

水平直线飞行
（实操）

3. 四面悬停

四面悬停是实现无人机在前后左右四个方向悬停的技术，即对尾悬停、对左悬停、对右悬停和对头悬停。四面悬停时着重强调机头方向和位置偏差。在飞行操作时要时刻分清楚机头朝向，以免错舵；稳住油门，

多旋翼无人机
四面悬停

四面悬停
（实操）

以免无人机有高度偏差；修正偏差时需反应及时并柔和打舵；注意在定高的基础上对无人机航向有准确的判断并及时修正。四面悬停操作的要点是当无人机漂移时向相反方向打杆，并且在无人机接近起飞点时，再向之前的方向回舵使其停止。进行四面悬停训练飞行需选择一个较为空旷的场地，要求能把无人机控制在规定范围内，水平位移不超过 ±1 m，垂直位移不超过 ±0.5 m，保证每个面都可以悬停 15 s 以上。

1) 对尾悬停

对尾悬停是指无人机升空后尾部朝向无人机操控员的定点悬停，升空完成悬停，这样能够以最直观的方式操控无人机，降低由于视觉方位给操控带来的难度。对尾悬停可在初期锻炼无人机操控员在操控上的基本反应，熟悉无人机在俯仰、滚转、方向和油门上的操控。对尾悬停时尽量保持定点悬停，控制无人机基本不动或尽量保持在很小的范围内漂移。

2) 侧位悬停

侧位悬停是指无人机升空后，相对于操控员而言，机头向左（左侧位）或向右（右侧位）的定点悬停。无人机的平移操作需以机头方向为基准，因此侧位悬停与对尾悬停的方向感不同。现以对左侧悬停为例，副翼摇杆打右舵时无人机会朝人员的前方飞行，升降舵摇杆推杆时无人机则会朝左侧方向飞行。侧位悬停能够极大地增强无人机操控员对无人机姿态的判断，尤其是远近的距离感。直接练习侧位悬停的风险很大，因为无人机横侧方向的倾斜不好判断，可以从45°斜侧位对尾悬停开始练习，这样可以在方位感觉上借助对尾悬停的条件反射。当斜侧位对尾悬停熟练后，再逐渐将无人机转入正侧位悬停会更容易完成。完成侧位悬停意味着小航线飞行成为可能，无人机操控员可以突破枯燥的悬停飞行转而进入航线飞行。

3) 对头悬停

对头悬停是指无人机升空后，对于无人机操控员而言，机头朝向操控员的定点悬停。对头悬停是异常困难的，因为除了油门以外，其他方向的控制对于操控员的方位感觉来说，跟对尾悬停相比都是相反的，尤其是俯仰方向的控制，推杆变成了朝向自己飞行，而拉杆才是远离。要强调的是，操控员必须熟悉侧位悬停后再进行对头悬停飞行。可以先尝试45°斜对头悬停，再逐渐转入正对头悬停，这样可以慢慢适应操控方位上的感觉，能有效减少事故的概率。对头悬停对于航线飞行非常重要，对自旋练习也有益处。

4. 平行四边航线

四边航线即矩形航线，顾名思义就是无人机在空中飞行的轨迹为矩形。而平行四边航线需要我们采取直线飞行的方式完成矩形四边航线的飞行。如图2-3所示，在开始四边飞行之前，我们先要将无人机飞到与视线相垂直的航线上，机头向前开始第一边的直线飞行，在完成第一边的直线飞行之后，保持机头方向不变，继续第二边的直线飞行，之后的第三边与第四边同理。要注意的是，边与边的切换不可太早也不可太晚，否则会影响无人机的飞行轨迹。

平行四边航线
（实操）

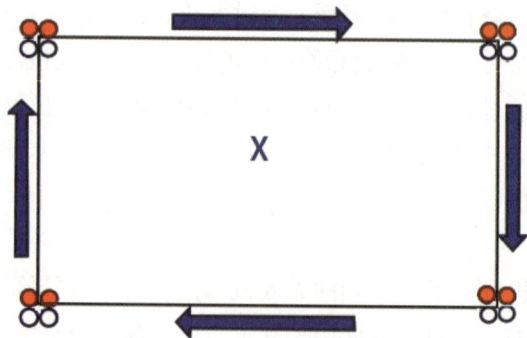

图2-3　平行四边航线

任务四　进阶飞行操作

在实际的飞行过程中，各种姿态误差通常都是同时发生的，单独发生的情况很少，所以需要无人机操控员在摇杆上进行组合操作。具体的操作要结合当时无人机具体的飞行姿态确定，使无人机能够保证在原有航线上继续飞行。

1. 转弯四边航线

转弯四边航线是平行四边航线的进阶操作，即将直线飞行与转弯动作结合并完成矩形航线飞行，飞行过程中机头方向始终朝向无人机前进方向。如图 2-4 所示，转弯四边航线在完成第一边的直线飞行之后，在合适位置进行转弯，在转过 90° 之后，继续第二边的直线飞行，之后的第三边与第四边同理。要注意的是，在转弯完成时需果断将无人机姿态复原到直线飞行的状态，不可太早也不可太晚，如果太早，无人机转弯没有到位，如果太晚，无人机可能转弯过大，这两种情况均会影响无人机最后飞行的轨迹。在操作时需要准确地把握转弯的角度为 90°。

多旋翼无人机
转弯四边航线

转弯四边航线
（实操）

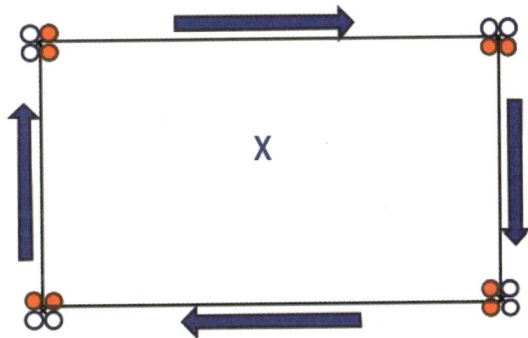

图 2-4　转弯四边航线

多旋翼无人机
360° 自旋

360° 自旋（实操）

2. 360° 自旋

360° 自旋主要是锻炼无人机操控员修正无人机飞行姿态的能力，通常需要做到眼不离机、手不离舵地进行操控。操控员需要密切关注风的来向，及时作出反应调整无人机，同时练习 360° 自旋也为水平 8 字绕飞打下基础。如图 2-5 所示，360° 自旋是从准备区域起飞后缓慢移动到中心桩点处停留，无人机要求在中心桩点正上方约 3 m 处定点悬停，随后向左或向右 360° 匀速旋转。旋转过程中以无人机几何中心为中心点，水平位移误差不超过 ±2 m，垂直高度误差不能超过 ±1 m。旋转时长应控制在 6～20 s，自旋过程中不能有停顿。

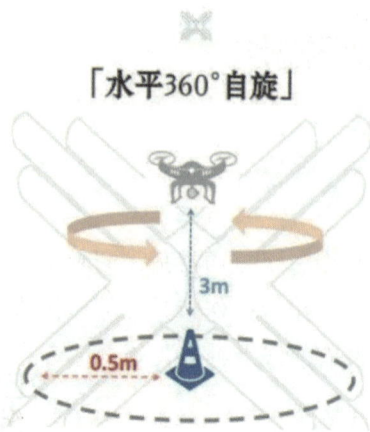

图 2-5　360° 自旋

水平圆形航线（实操）

3. 水平圆形航线

在掌握无人机转弯操作后，无人机的水平圆周飞行就相对简单一些，无人机操控员只需维持无人机转弯的状态，让无人机最后的轨迹与开始转弯的点重合，这样就完成了一次圆周飞行。如图 2-6 所示，水平圆形航线圆周直径 6～15 m，飞行时与直线飞行相同，需要时时刻刻调整无人机的姿态使轨迹重合。若感觉到转弯半径变小，则需要增加转弯的半径；若感觉到转弯半径变大，则需要适度减少转弯半径。飞行中还要根据实际情况调整油门大小以及俯仰大小，使无人机高度以及转弯半径维持在初始高度以及初始的轨迹，无人机水平位移误差不超过 ±2 m，垂直位移误差不超过 ±1 m，水平圆形航线飞行过程中不能有停顿，航向与标准航线切线夹角不超过 15°。

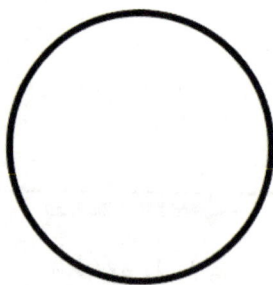

图 2-6　水平圆形航线

水平 8 字飞行是一种高难度飞行技巧

4. 水平 8 字

水平 8 字是水平圆形航线飞行的升级版。水平 8 字飞行的俯视示意图如图 2-7 所示，可以很直观地看到，其实水平 8 字飞行就是两个相切的圆周飞行。单个圆直径 6～15 m，在两圆的切点转换无人机飞行的方向，也就是向相反的方向完成剩下的

水平 8 字（实操）

圆周飞行。操控无人机起飞后，调整好姿态，机头向前，依次经过 1、2、3、4、5、6、7、8 号位置，最后回到 1 号位置。操作过程中无人机水平位移误差不超过 ±2 m，垂直位移误差不超过 ±1 m，无人机位移无卡顿，航向与标准航线切线夹角不超过 15°。水平 8 字飞行的关键点是在两圆切点时的状态转换，在切点时要迅速使无人机变换状态，进行下一个

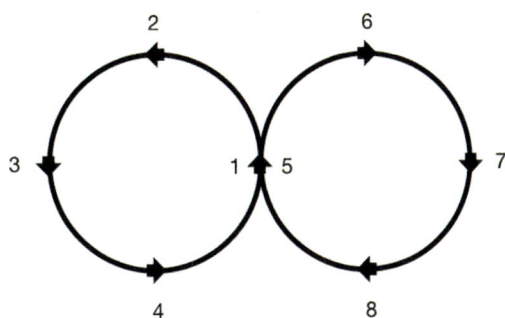

图 2-7　水平 8 字

圆周转弯飞行。在飞行中要遵循圆周转弯时的要领，精准地在切点调整好无人机的姿态与角度，使下一段飞行更加顺畅。

技能演练

多旋翼无人机飞行操控技能操作要求如表 2-1 所示。

表 2-1　技能操作要求

操作内容	操作要求	通用要求
起飞和降落	油门操纵均匀，姿态正常	
水平直线飞行	油门操纵均匀，姿态正常	
四面悬停	无人机控制在规定范围内，水平位移不超过 ±1 m，垂直位移不超过 ±0.5 m，保证每个面都可以悬停 15 s 以上	
平行四边航线	采取直线飞行完成矩形四边航线的飞行，进行边与边的切换时，不可太早也不可太晚，确保无人机的飞行轨迹控制在规定范围内	无危险动作与姿态，操作柔和，无人机部件完好
转弯四边航线	在平行四边航线基础上，把握转弯时机，转弯的大小为 90°	
360° 自旋	旋转过程中以无人机几何中心为中心点，水平位移误差不超过 ±2 m，垂直高度误差不能超过 ±1 m。旋转时长应控制在 6～20 s 之间，自旋过程中不能有停顿	
水平圆形航线	圆周直径 6～15 m，无人机水平位移误差不超过 ±2 m，垂直位移误差不超过 ±1 m，水平圆形航线飞行过程中不能有停顿，航向与标准航线切线夹角不超过 15°	
水平 8 字	单个圆直径 6～15 m，无人机水平位移误差不超过 ±2 m，垂直位移误差不超过 ±1 m，无人机位移无卡顿，航向与标准航线切线夹角不超过 15°	

多旋翼无人机飞行操控实训记录表如表 2-2 所示。

表 2-2　实 训 记 录 表

多旋翼无人机飞行操控			
组号		指导教师	
姓名		学号	
组员	姓名：＿＿＿＿＿＿＿　　　　　学号：＿＿＿＿＿＿＿		
	姓名：＿＿＿＿＿＿＿　　　　　学号：＿＿＿＿＿＿＿		
	姓名：＿＿＿＿＿＿＿　　　　　学号：＿＿＿＿＿＿＿		
实训目的	1. 能够掌握多旋翼无人机操控飞行相关技能 2. 锻炼手、眼、脑协调能力，培养团队协作精神 3. 正确地认识所学专业在社会上的定位以及在经济建设中的作用		
实训环境	室外飞行场地		
实训设备	TY-Basis1100 多旋翼无人机 1 套		
实训内容	1. 多旋翼无人机起飞与降落、水平直线飞行、四面悬停和平行四边航线基础飞行操作 2. 多旋翼无人机转弯四边航线、360°自旋、水平圆形航线和水平 8 字进阶飞行操作		
实 训 过 程			
前期准备	1. 理论知识学习		
	2. 相关资料查阅		
	3. 设备、工具和材料准备		
实训步骤	1. 具体操作方法		

续表

	2. 实训过程中遇到的问题及解决方法
	3. 你将如何进一步提高自身的实训操作能力
实训收获	1. 通过这次实训学到了哪些知识和技能
	2. 通过这次实训你对学习的理论知识有了哪些新的认识

◯ 项目总结

　　本项目首先介绍了多旋翼无人机飞行操控要点分析和飞行操控注意事项的内容，并在此基础上重点进行了多旋翼无人机起飞与降落、水平直线飞行、四面悬停 (对尾、对侧、对头)、水平四边航线、转弯四边航线、360°自旋、水平圆形航线和水平 8 字飞行操控的学习，为后续其他类型的无人机操控飞行打下了坚实基础。

◯ 课后练习

　　1. 在无人机处于 GPS 模式飞行时，如果无人机操控员突然分不清无人机方向，该如何处理？

　　答：可以松开遥控器摇杆，无人机就会保持悬停状态。

　　2. 演示作业时如有客户或围观群众，必须要求他们距离无人机多远？

答：演示作业时如有客户或围观群众，必须要求他们距离无人机 15 m 以上。

3. 在飞行中为什么要远离钢铁建筑、变电站、高压电线等强磁场环境？

答：无人机内部的磁罗盘在无人机的悬停、飞行中起着至关重要的作用，一旦磁罗盘受到干扰，无人机将无法分辨方向。因此，在飞行中应远离钢铁建筑、变电站、高压电线等强磁场环境。

4. 什么是错舵，在操作过程中如何降低发生错舵的概率？

答：错舵在无人机操作中极其危险，具体是指实际的打舵操作与应该打舵的方向相反，对侧和对尾操作都会增加错舵的风险。在操作过程中，过度紧张会增加错舵的概率，无人机操控员应注意保持和及时调整自身的心理状态，降低发生错舵的概率。

5. 四面悬停是指哪四种悬停方式？

答：四面悬停就是实现无人机在前、后、左、右四个方向的悬停的技术，即对尾悬停、对左悬停、对右悬停和对头悬停。

○ 组织评价

教师对学生学习过程与学习结果进行评价，并将评价结果填入表 2-3。

表 2-3　教师综合评价表

姓名：		班级：　　　　　　　　　　　学号：		
学习任务				
学习过程				
评价项目	评价要求		分值	得分
资源素材搜集学习状况	针对引导问题独立搜集相关资料，完成隐性素材资源的学习		10	
学习态度	态度端正、积极，无无故缺勤、迟到、早退现象		10	
团队意识	与小组成员、同学之间相互交流探讨		5	
职业素质	有耐心，细心，有较强的观察分析能力，有质量意识		10	
创新意识	结合任务内容，能发现问题并提出解决问题的思路		5	
学习结果				
评价项目	评价要求		分值	得分
知识能力	1. 掌握多旋翼无人机飞行操控要点 2. 了解多旋翼无人机飞行操控注意事项		20	
实践技能	1. 能够进行多旋翼无人机起飞与降落、水平直线飞行、四面悬停、水平四边航线的基础飞行操作 2. 能够进行多旋翼无人机转弯四边航线、360°自旋、水平圆形航线和水平 8 字的进阶飞行操作		40	
合计				

项目三 固定翼无人机飞行操控

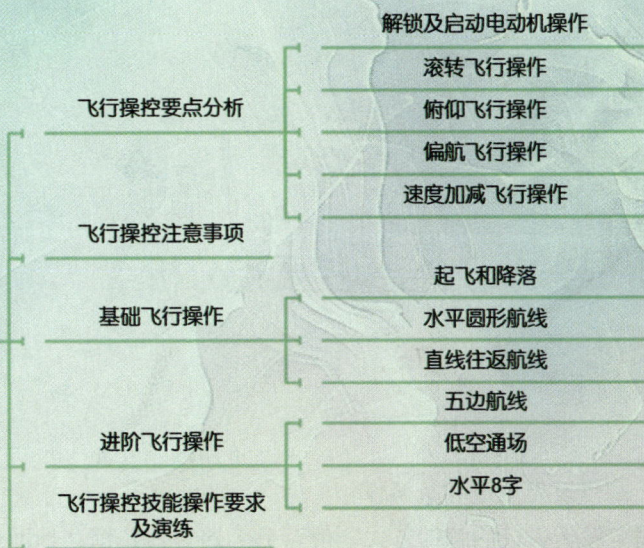

项目规划

```
                                            ┌─ 解锁及启动电动机操作
                                            ├─ 滚转飞行操作
                          飞行操控要点分析 ──┼─ 俯仰飞行操作
                                            ├─ 偏航飞行操作
                                            └─ 速度加减飞行操作
                          飞行操控注意事项
固定翼无人机飞行操控 ──┤                      ┌─ 起飞和降落
                          基础飞行操作 ───────┼─ 水平圆形航线
                                            └─ 直线往返航线
                                            ┌─ 五边航线
                          进阶飞行操作 ───────┼─ 低空通场
                                            └─ 水平8字
                          飞行操控技能操作要求
                          及演练
```

项目引入

目前，固定翼无人机技术已经非常成熟，应用领域也非常广泛，利用固定翼无人机的高空视角和高分辨率相机可以对地表进行高精度测绘，包括土地利用、地形地貌、植被等方面的数据采集。随着人工智能、机器视觉等技术的不断发展，固定翼无人机的应用领域还将不断拓展。无人机的自主飞行和智能控制技术的不断提升，将使其在未来的应用中更加普及和成熟。因此，掌握固定翼无人机操控技术将有助于我们在这些领域中拥有更多的机会和优势。

学习目标

(1) 掌握固定翼无人机飞行操控要点；

(2) 了解固定翼无人机飞行操控注意事项；

(3) 能够进行固定翼无人机起飞与降落、水平圆形运动和直线往返基础飞行操作；

(4) 能够进行固定翼无人机五边航线、低空通场和水平 8 字进阶飞行操作。

○ **思政要点**

固定翼无人机操控技术的学习和应用需要具备环保意识。环保意识在无人机飞行操控中非常重要，我们应当始终保持环保意识，尽可能减少废气和噪声对环境的影响，避免对野生动物和植物造成伤害，防止破坏生态平衡，为保护环境和促进无人机行业的健康发展作出贡献。

○ **知识教学**

任务一　飞行操控要点分析

1. 解锁及启动电动机操作

固定翼无人机的解锁方式一般可分为遥控器解锁、地面站解锁、物理按键解锁、晃动解锁等。

通常，固定翼无人机飞控解锁方式可参考多旋翼无人机的解锁方式，同时，固定翼无人机也存在部分型号遥控器上设置油门锁开关，这种情况下将油门锁关闭，启动电动机即可进行起飞。

一些无人机也支持通过地面站进行解锁。在使用前需要先下载无人机厂商提供的地面站，并将地面站与无人机进行连接，然后通过地面站上的操作来解锁无人机。

一些高端无人机也可以通过物理按键来解锁，即在无人机上设置一个解锁按钮或开关，通过按下按钮或切换开关来解锁无人机。

部分固定翼无人机还支持晃动解锁，即握住机翼上下晃动或水平晃动来完成解锁。

需要注意的是，不同的无人机支持的解锁方式不同，具体的解锁方式需要参考无人机的使用说明书。同时，在进行无人机解锁前，需要确保无人机处于一个安全的环境，避免误操作或者对周围环境和人造成危害。

2. 滚转飞行操作

固定翼无人机滚转动作即绕无人机纵轴进行旋转，是通过调整两侧的副翼舵面实现的，两侧副翼执行不同的动作时，两边机翼的升力就会

固定翼无人机
滚转飞行（动画）

不同，升力的差异使机体出现横滚动作，这一动作主要用于调整无人机在空中的水平姿态和大角度转弯。

在进行滚转操作时，需要将遥控器上的副翼摇杆向左或向右拨动，控制无人机进行滚转。需要注意的是，摇杆的拨动幅度要适度，幅度过大可能导致无人机失控。操作时需要时刻观察无人机的滚转角度，以免滚转角度过大导致无人机失控或坠落。如果无人机滚转角度过大，需要及时减小摇杆的拨动幅度，以稳定无人机。

要完成副翼横滚，只需在动作的整个过程中始终向左或向右拨动副翼摇杆，直到无人机再次回到正飞状态即可。但是，如果动作从平飞开始，动作过程中无人机会降低高度。因此，在横滚之前要小幅度拉动升降舵摇杆。在拉动升降舵摇杆后确认只有副翼在动作时再拨动副翼摇杆，否则无人机可能会进入螺旋或桶滚状态，失去对飞行方向的控制。

3. 俯仰飞行操作

固定翼无人机俯仰动作即无人机绕横轴进行旋转，是通过调整尾翼升降舵实现的，升降舵向上或者向下偏转时，尾翼的升力会相应地减小或增大，使得无人机前后的升力发生变化进而产生俯仰动作，这一动作主要用于调整无人机在空中的俯仰角度。

在进行俯仰操作时，需要将遥控器上的升降舵摇杆推动或下拉，控制无人机俯仰。同样需要注意，摇杆的推拉幅度应适度，且操控员需时刻观察无人机的俯仰角度，以免俯仰角度过大导致无人机失速。

固定翼无人机
俯仰飞行（动画）

4. 偏航飞行操作

固定翼无人机偏航动作即绕无人机立轴进行旋转，是通过调整尾翼的方向舵实现的，方向舵左右偏转时，垂直尾翼左右两侧的空气流速就会发生改变，流速差使无人机尾部受到一个整体向左或者向右的力，推动机尾向左或者向右偏，进而使无人机出现偏航的动作，这一动作主要用于调整无人机的航向。

在进行偏航操作时，需要向左或向右拨动遥控器的方向舵摇杆，控制无人机偏航。同样需要注意，摇杆的拨动幅度应适度，且操控需时刻观察无人机的偏航角度。通常情况下，方向舵需和副翼一起使用来控制固定翼无人机的协调转弯。

固定翼无人机
偏航飞行（动画）

5. 速度加减飞行操作

固定翼无人机速度加减操作需要通过遥控器油门摇杆进行。推动油门摇杆，无人机加速；反之，无人机减速。

需要注意的是，无人机的速度会受到风速、飞行高度、载荷等因素的影响，因此需要根据实际情况进行速度调整，以保持飞行的稳定性和安全性。此外，在进行速度加减操作时，应避免因速度过快或过慢而导致无人机失速或其他异常情况。

固定翼无人机
速度加减飞行
（动画）

在进行滚转、俯仰、偏航、加减速操作前需要先将无人机拉升至一定高度，以免操作失误导致无人机坠落。同时，需要保持无人机稳定，避免出现晃动或抖动。需确保无人机状态正常，如电量充足、信号良好、环境无风或者轻微风、周围无其他障碍物等。在进行上述操作后，需要及时将摇杆恢复到中间位置，让无人机恢复平飞状态。如果摇杆未及时恢复到中间位置，无人机可能会继续上述动作或者出现不受控制的状况。

任务二 飞行操控注意事项

固定翼无人机飞行操控注意事项如下：

(1) 在飞行前需要检查无人机的电量、控制系统、传感器等，确保其工作正常。

(2) 在飞行前需要选择安全的飞行区域，避免飞行中与人或物发生碰撞。

(3) 在进行实际飞行前，需要熟悉无人机的控制方式和相关设置，以确保飞行过程中能够快速、准确地响应各种情况。

(4) 需要选择适当的飞行高度和距离，以避免无人机与障碍物相撞或失控。

(5) 需要掌握无人机的最大飞行速度，并根据实际情况适当调整。

(6) 避免在强风、大雨和大雾等恶劣的天气条件下飞行。

(7) 需要注意无人机的电量，确保在电量充足的情况下完成飞行任务，避免无人机因电量不足而失控或坠落。

(8) 需要遵守当地的无人机飞行规则和法律法规，确保飞行的合法性。

(9) 当遇到意外情况或者无法控制无人机时，应及时停止飞行，避免造成损失或伤害。

(10) 启动前确保无人机无零件损坏并且工作正常。

(11) 随时放置好螺丝刀、扳手及其他工具。在启动前，检视用于组装或维修无人机的工具是否齐全。

(12) 在飞行中无人机如有大幅度抖动，应马上降落并查找原因。

(13) 启动前检查确定全部舵机动作顺滑并且工作正常。

(14) 启动前检查确定遥控器的有效控制距离。

(15) 无人机起飞和降落时，需保证机头朝向逆风方向。

(16) 机翼与尾翼的安装位置必须正确，重心位置必须符合设计要求。通常，固定翼无人机的重心可设定在机翼前缘30%处。

任务三　基础飞行操作

固定翼无人机
滑跑起飞（动画）

固定翼无人机
起飞（实操）

1. 起飞和降落

1）起飞

固定翼无人机常见的起飞方式有滑跑起飞、手抛起飞和弹射起飞3种。

（1）滑跑起飞。滑跑是固定翼无人机最常见的起飞方式，是指无人机在动力作用下，通过改变迎角来获得升力的起飞方式。在起飞阶段需要稳住方向舵，稳步加大油门使无人机的速度稳定增加。若无人机机头有偏航的趋势，可用方向舵摇杆轻轻向相反的方向修正，让无人机在跑道上水平均匀地增加速度。速度达到起飞速度之后，轻拉升降舵摇杆，逐渐增大迎角，随后整个机身离地升空，完成起飞。

> **提示：**
>
> • 确保无人机一切正常且环境允许飞行，选择逆风的跑道方向，推动油门摇杆的手法要缓和；
>
> • 无人机离地后，由于螺旋桨高速旋转会产生扭矩，故机身会向一侧倾斜，需通过副翼的配合，使固定翼无人机进入爬升状态；
>
> • 爬升过程中，要控制迎角不要超过30°，过大的迎角会造成固定翼无人机出现失速状态。

（2）手抛起飞。与滑跑起飞相比，手抛起飞更节能，速度更快，场地限制更少，同时也是所有固定翼无人机起飞方式中最简单的，适用于质量轻、尺寸小的无人机。

手抛起飞时投掷体态一般有3种，分别为站立投掷、助跑投掷和旋转投掷。无论采用哪种方法，在投掷无人机前均要保证握机方式正确，即单手握住机翼下方的机身位置。下面对3种投掷体态进行简要说明。

① 站立投掷：站立不动，单靠臂力投掷无人机飞行。

② 助跑投掷：按正确方式手持无人机，助跑5～10 m后投掷无人机，这样可以让无人机的爬升高度更高、飞得更远。

③ 旋转投掷：正确手持无人机，利用扭腰转身的力量将无人机旋抛上去。

手抛起飞时将油门摇杆推到最大，然后将无人机机头略高于水平抛掷，注意螺旋桨不要伤到手，脱手后及时对无人机姿态作出修正，如图 3-1 所示。

图 3-1 手抛起飞

(3) 弹射起飞。如图 3-2 所示，弹射起飞是将无人机装在发射架上，借助助推火箭、高压气体、牵引索或橡筋绳等弹射装置，实现较短长度弹射起飞。常用的无人机弹射方式有弹力弹射、气液压弹射、燃气弹射以及电磁弹射。

图 3-2 弹射起飞

固定翼无人机
弹射起飞（动画）

弹力弹射是利用伸缩性很强的弹性元件（如橡皮筋、弹簧）提供动力，提供无人机起飞所需的加速度，适用于小型无人机。燃气弹射是指直接利用火药气体来发射无人机，这需要统筹考虑无人机的抗过载性能。其他一些弹射方式只是发射架产生推力的原理有所不同，起飞形式则完全一样。

弹射起飞需要借助仪器，靠外力使无人机加速，从而让无人机达到平飞速度，但第一次弹射前的准备和调试时间比较长，且弹射设备体积较大，运载很麻烦。

2) 降落

固定翼无人机常见的降落方式有滑跑降落、伞降回收、拦截网和天钩回收等。

(1) 滑跑降落。滑跑降落是无人机从一定高度下滑，并降落到地面滑跑直至完全停止运动的过程。

无人机滑跑降落的过程可分为下滑、拉平、平飘、接地和着陆滑跑 5 个阶段。无人机从一定高度进行着陆下降时，发动机或电动机处于慢速工作状态，即一般采用减小油门下滑的方法下降。飞行高度降低到接近地面时，必须在一定高度上开始拉升降舵摇杆，使无人机由下滑转入平飘状态即拉平。无人机拉平后飞行速度依然很快，不能立即接地，需要在离地面 0.5～1 m 高度上继续降低速度，拉平后继续降低速度的过程称为平飘。在此过程中，随着飞行速度的不断降低，无人机操控员要不断拉杆以保持升力等于重力。在离地 0.15～0.25 m 时，将无人机拉成接地所需的迎角，升力稍小于重力，无人机轻柔飘落接地。无人机接地后，还需要滑跑减速直至停止，滑跑减速的过程就是着陆滑跑。

(2) 伞降回收。伞降回收是一种较普通的回收方式，如图 3-3 所示。降落伞由主伞和减速伞组成，当无人机完成任务后，遥控无人机减速、降高。到达合适飞行高度和速度时，打开减速伞，使无人机急剧减速、降高。当无人机降到指定的飞行高度和速度后，打开主伞，无人机悬挂在主伞下慢慢着陆，着陆后机下触地开关接通，使主伞与无人机脱离。为尽量减少无人机回收后的损伤，特别是为保护机载任务设备，有些无人机还在机体触地部位安装充气袋等减震装置。

固定翼无人机降落（实操）

固定翼无人机伞降回收（动画）

图 3-3 伞降回收

(3) 拦截网或天钩回收。拦截网回收无人机是目前世界小型无人机较普遍采用的回收方式之一。拦截网通常由拦阻网、能量吸收装置和自动引导设备组成。能量吸收装置与拦阻网相连，其作用是吸收无人机撞网的能量，避免无人机触网后在网上弹跳不停，以致损伤。自动引导设备一般是置于网后的电视摄像机或装在拦阻网架上的红外接收机，由它们及时向地面站报告无人机返航路线的偏差。当无人机返航时，无人机以小角度下滑，最大速度不超过 120 km/h，无人机操控员控制无人机飞向拦阻网。无人机触网时的过载通常不能大于 6 g，以免拦阻网遭到较大损坏。天钩回收和拦截网回收功能相似，回收时操控员控制无人机飞向绳索，利用无人机翼尖的挂钩钩住绳索回收，如图 3-4 所示。

固定翼无人机拦截网或天钩回收（动画）

图 3-4　天钩回收

2. 水平圆形航线

固定翼无人机的水平圆形航线是常见的练习航线，其操作是通过调整副翼、方向舵并配合油门和升降舵完成的。在练习之前，需要在空中找到 4 个点位，即如图 3-5 所示的 $A \sim D$ 点，其中 A 点为圆形起始点。其具体操作流程如下：

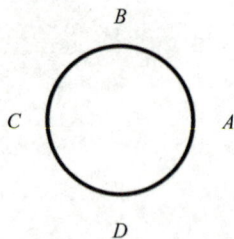

固定翼无人机水平圆形航线飞行（实操）

图 3-5　水平圆形航线

(1) 从 A 点柔和地向左拨动副翼摇杆，同时方向舵配合转弯，使无人机以较小角度执行转向前飞的操作，并通过油门和升降舵的配合，保证无人机高度一致。

(2) 在到达 B 点时稍微往回拨动副翼摇杆，根据航线半径的大小进行调整，此时固定翼无人机左侧机翼正对操控员。继续执行与上步同向的转向操作，并保持高度一致。

(3) 即将达到 C 点时适当回舵，使无人机减小转向角度，此时无人机机头正对操控员。

(4) 经过 C 点后继续执行转向操作飞至 D 点。到达 D 点后右侧机翼正对操控员。经过 D 点同样执行转向动作飞至 A 点。

提示：

- 对于初学者来说，机身侧倾角度应尽量减小，以 15°～30° 为宜。
- 练习初始阶段，侧倾角不可超过 45°，否则容易造成无人机失速。
- 当机头朝向人员方向时，容易造成方向混乱，注意方向控制需以机头方向为准。

3. 直线往返航线

固定翼无人机直线往返航线飞行是指无人机按照水平直线路径往返飞行。无人机水平直线飞行是无人机操作的基本动作之一，是指无人机只在一个方向上直线飞行。无人机直线飞行包括前、后、左、右飞行，理想状态下，直线飞行只需将无人机上升到一定高度后调整好角度，往特定方向拨动摇杆即可。但是在实际的飞行过程中，由于飞控传感器和算法的问题，无人机并不能达到理想中的配平角度。无人机的飞行姿态也会受到风速的影响，需要操控员持续地调整无人机姿态。无论是为了维持直线飞行，还是要进行细微的航线调整，都可以通过拨动副翼摇杆再回中的动作达到精确操纵的效果。

以图 3-6 为例，无人机直线往返航线飞行以 A 点为水平直线起点，无人机飞至 B 点开始画圈转弯，最后从 E 点飞出。其具体操作流程如下：

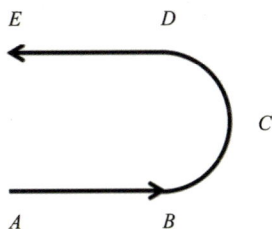

图 3-6　直线往返航线

固定翼无人机
直线往返航线
飞行（实操）

(1) 维持直线平飞，由于受到大风和气流的影响，故会出现侧滑角和左右滚转的现象，通过副翼和方向舵的配合，使机翼达到水平状态。

(2) 从 B 点柔和地向左拨动副翼摇杆，同时方向舵配合转弯，使无人机以较小角度执行转向前飞的操作，并通过油门和升降舵的配合，保证无人机高度一致。

(3) 在到达 C 点时稍微往回拨动副翼摇杆，根据航线半径的大小进行调整，此时固定翼无人机机尾正对操控员。继续执行与上步同向的转向操作，并保持高度一致。

(4) 即将到达 D 点时操控副翼摇杆回中，调整维持直线平飞状态从 E 点飞出。

提示：

当无人机从转弯航线出来，即将进入直线航线之前时，必须先控制副翼摇杆慢慢使机身由倾斜状态回正，否则进入直线航线时会造成回转角度过大而偏离航线。

1. 五边航线

五边航线是无人机操控基本功之一。如果五边航线飞不好，那么很难将无人机降落在狭窄的跑道上，无法实现精准降落。对于飞行初学者来说，甚至可能无法将无人机降落到跑道上。

如图 3-7 所示，普通的五边航线投影为一个闭合的矩形，分为一边（起飞爬升）、二边（侧风爬升）、三边（顺风平飞）、四边（侧风下降）、五边（下降着陆），共有四次转弯，每个转弯航向偏转约 90°（静风下）。其具体操作流程如下：

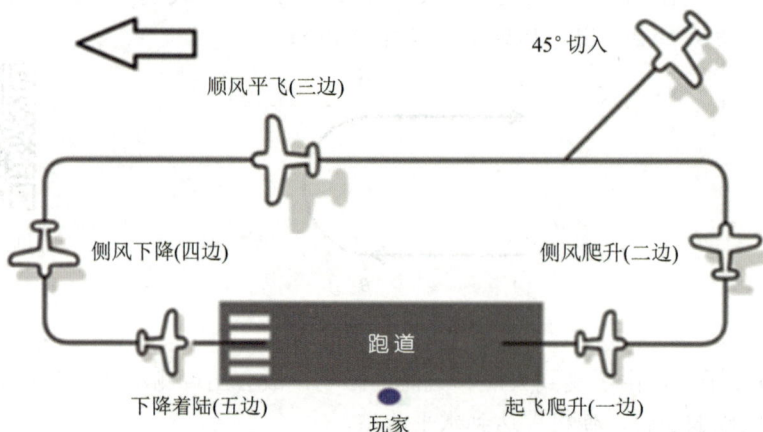

图 3-7　五边航线

1) 第一边

第一边包含了滑跑、起飞和爬升，起飞方向为逆风。

在达到一定速度后柔和拉动升降舵摇杆使无人机离地。离地后进行一段稳定的小角度爬升，当无人机加速至正常爬升速度后再逐渐增大爬升角度，并且保持直线飞行。随后进行转弯（大约 90°），进入侧风的第二边飞行。

2) 第二边

在有风的情况下，二边飞行为侧风爬升，如果机头方向垂直于跑道方向，那么无人机会受侧风影响使实际航迹向中间倾斜，最终结果会导致三边飞行长度减少，所以在进行二边飞行时要注意修正侧风带来的影响。无人机航向具体要修正多少，需根据风力和不同无人机受侧风影响的程度去调整。

3) 第三边

二边飞行之后为二转弯，无人机会由侧风变为顺风，此时需要注意升降舵摇杆和油门摇杆的调整，控制无人机在同一高度飞行。第三边无人机因顺风的影响而速度较大，要注意通过中线后的飞行距离，风大时要调整三转弯时机，防止下风区飞得过远。

4) 第四边

在侧风情况下，第四边飞行要垂直于跑道方向。所以在进行四边飞行时同样要注意修正侧风带来的影响。无人机航向具体要修正多少，需根据风力和不同无人机受侧风影响的程度去调整。

在四边下降飞行时，要通过油门和俯冲角度来保持无人机速度，不要过慢，也不要过快。过慢的速度会导致滑翔角度比较小，可能无法飞抵跑道，甚至在需要减小下降率或者四转弯时使无人机失速；而速度过快则会导致无人机着陆时无法将速度降下来，从而着陆失败。

5) 第五边

第五边的前段与第四边基本相同，保持速度进行下降飞行。不过要注意无人机与跑道入口的距离，以当前的下降率和速度，无人机能否进入跑道要根据经验进行调整。

无人机即将着陆并下降至大约视线高度时，逐渐拉动升降舵摇杆，减小无人机下降速率，同时降低油门以减小无人机速度，此时要注意油门及升降舵摇杆的配合。拉杆过大会使无人机爬升后失速，拉杆过小可能会导致重着陆；如果减小下降速率后无人机即将失速，则需要略微加大油门并减小拉杆，但不要使无人机爬升；如果减小下降速率后无人机依然过快，那就需要判断无人机会不会冲出跑道，如果会，应马上复飞，进入一边爬升，如果不会，需减小油门，根据无人机姿态调整升降舵摇杆。

2. 低空通场

低空通场是指无人机在飞行过程中从机场跑道上空飞过或是从观礼台前方上空飞过，是表达敬意的一种方式，也表示一种礼节。无人机低空通场主要靠无人机操控员目测高度，需要操控员具备准确的判断力和精准的技术。通常无人机飞行高度为 3～5 m 可以视为低空飞行，低空通场时无人机一般不放起落架。

（垂直起降）固定翼无人机低空通场飞行（动画）

固定翼无人机低空通场飞行（实操）

当电动机转速调到中低速域，将无人机保持直线并且从自己的眼前低空飞过。通常情况下无人机的速度减低时，安定性也会减低，因此刚开始时应用稍低的速度来飞行，不要初始阶段就将高度下降过多，而是一点一点地习惯之后再下降，降低高度过程中要通过观察无人机的真实飞行高度来判断降低的幅度，而不是看摇杆的位置，整个过程还要尽可能

让无人机保持稳定的直线飞行。无人机低空通场训练内容如图 3-8 所示。

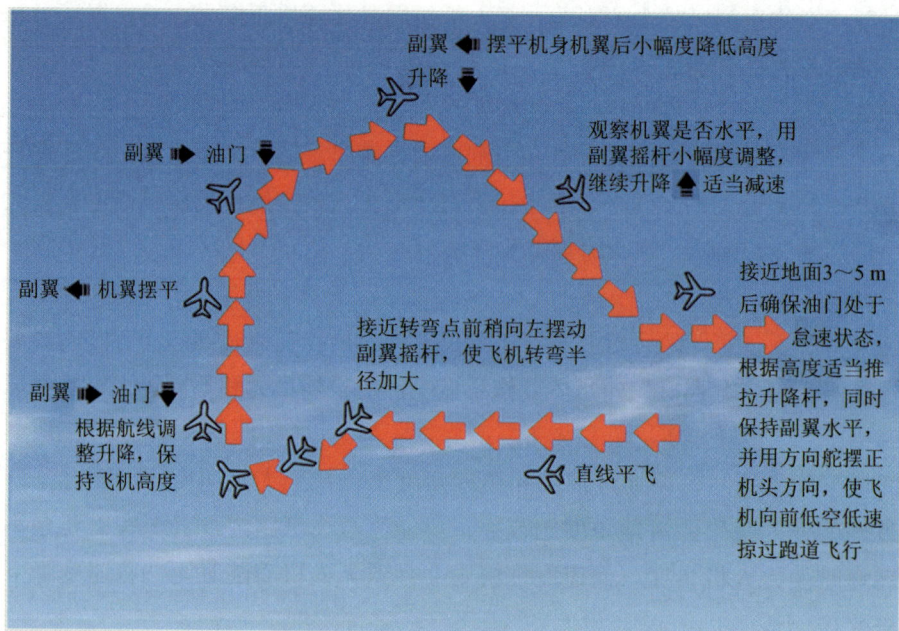

图 3-8　低空通场飞行训练

3. 水平 8 字

如图 3-9 所示，水平 8 字是水平圆形飞行的升级版，即两个相切的圆周飞行。在两圆的切点转换无人机飞行的方向，完成剩下的圆周飞行。其关键点在于两圆切点的状态转换，在切点时要迅速使无人机的横滚角度变化到与之前相反的状态，进行下一个圆周转弯的飞行。其具体操作流程如下：

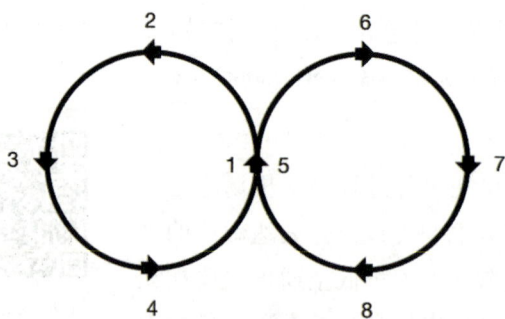

固定翼无人机
水平 8 字飞行
（实操）

图 3-9　水平 8 字航线

(1) 从两圆相切点第 1 点柔和地向左拨动副翼摇杆，同时方向舵摇杆配合转弯，使无人机进入一个比较小的角度执行转向前飞的操作，并通过油门和升降舵摇杆的配合，保证飞行的高度一致。

(2) 在达到第 2 点时稍微往回拨动副翼摇杆，根据航线半径的大小进行调整。固定翼无人机左侧机翼正对无人机操控员。

（3）继续执行与上步同向的转向操作，并保持高度一致。即将到达 3 点时适当回舵，使无人机减小转向角度，此时固定翼无人机机头正对操控员。

（4）经过第 3 点后继续执行转向操作飞至 4 点，此时右侧机翼正对操控员。

（5）经过第 4 点后同样执行转向动作飞至第 5 点（即第 1 点）。

（6）到达第 5 点后，执行转向操作转向第 6 点，即飞向右侧圆，固定翼无人机右侧机翼正对操控员。

（7）通过副翼与方向舵摇杆的协调转弯，依次飞至第 7 点、第 8 点，然后飞回相切点。

提示：

- 8 字航线不得出现过大偏差，可以地面物体为参照物，保证航线组成形状；
- 转弯应为圆弧形航线，不得出现急转弯；
- 转弯时机、舵量应把握准确；
- 8 字航线飞行中高度应保持一致；
- 不得存在错舵现象。

◯ 技能演练

固定翼无人机飞行操控技能操作要求如表 3-1 所示。

表 3-1　技能操作要求

操作内容	操作要求	通用要求
起飞和降落	滑跑起飞：爬升角度不要超过迎角 30° 手抛起飞： 1. 保证握机方式正确 2. 无人机机头略抬头抛掷 弹射起飞：目标点应放置在无人机弹射起飞方向上，且距离超过爬升距离 滑跑降落： 1. 飞行高度降低到接近地面时，必须在一定高度上开始后拉动升降舵摇杆 2. 无人机拉平后飞行速度依然很大，不能立即接地 伞降回收： 1. 当无人机完成仸务后，遥控无人机减速、降高。到达合适飞行高度和速度时，开减速伞 2. 当无人机降到飞行高度和速度后，打开主伞 拦截网或天钩回收： 1. 当无人机返航时，无人机以小角度下滑，最大速度不超过 120 km/h 2. 无人机触网时的过载通常不能大于 6 g	1. 起降时逆风方向 2. 副翼、方向舵、油门、升降舵摇杆协调配合 3. 无危险动作与姿态，无错舵，操作柔和

续表

操作内容	操作要求	通用要求
水平圆形航线	侧倾角不可超过 45°	1. 起降时逆风方向 2. 副翼、方向舵、油门、升降舵摇杆协调配合 3. 无危险动作与姿态，无错舵，操作柔和
直线往返	要进入直线航道之前，必须先控制副翼摇杆慢慢使机身由倾斜状态回正	
五边航线	1. 二边和四边应修正侧风带来的影响 2. 三边飞行应为定高直线飞行 3. 五边飞行不得出现重着陆或冲出跑道的情况	
低空通场	1. 通场高度为 3～5 m 2. 通场时保持稳定的直线飞行	
水平 8 字	1. 航线不得出现过大偏差 2. 转弯应为圆弧形航线，不得出现急转弯 3. 转弯时机、舵量把握准确 4. 飞行中高度应保持一致	

固定翼无人机飞行操控实训记录表如表 3-2 所示。

表 3-2　实 训 记 录 表

固定翼无人机飞行操控			
组号		指导教师	
姓名		学号	
组员	姓名：＿＿＿＿＿＿	学号：＿＿＿＿＿＿	
	姓名：＿＿＿＿＿＿	学号：＿＿＿＿＿＿	
	姓名：＿＿＿＿＿＿	学号：＿＿＿＿＿＿	
实训目的	1. 能够掌握固定翼无人机操控飞行相关技能及要点 2. 培养动手能力、理论与实践相结合的能力 3. 提高对本专业的了解和认识，增加学习兴趣和增强专业自豪感		
实训环境	室外飞行场地		
实训设备	冲浪者 X8 固定翼无人机 1 套		
实训内容	1. 固定翼无人机起飞与降落、水平圆形、直线往返基础飞行操作 2. 固定翼无人机五边航线、低空通场和水平 8 字进阶飞行操作		
实训过程			
前期准备	1. 理论知识学习		

续表一

前期准备	2. 相关资料查阅
	3. 设备、工具和材料准备
实训步骤	1. 具体操作方法
	2. 实训过程中遇到的问题及解决方法
	3. 你将如何进一步提高自身的实训操作能力

续表二

实训收获	1. 通过这次实训学到了哪些知识和技能
	2. 通过这次实训你对学习的理论知识有了哪些新的认识

项目总结

本项目首先介绍了固定翼无人机飞行操控要点分析和飞行操控注意事项的内容，并在此基础上重点进行了固定翼无人机起飞与降落、水平圆形、直线往返、五边航线、低空通场和水平8字飞行操控学习，可为后续其他类型的无人机操控飞行打下坚实基础。

课后练习

1. 无人机着陆的过程包含哪几个阶段？

答：无人机降落的过程可分为下滑、拉平、平飘、接地和着陆滑跑5个阶段。

2. 横滚动作是如何实现的？

答：横滚动作是通过调整两侧的副翼实现的，两侧副翼执行不同的动作时，两边机翼的升力就会不同，升力的差异使机体出现横滚动作。

3. 在进行滚转、俯仰、偏航、加减速操作前需要进行哪些操作？

答：在进行滚转、俯仰、偏航、加减速操作前需要先将无人机拉升至一定高度，以免操作失误导致无人机坠落。同时，需要保持无人机稳定，避免出现晃动或抖动。需要确保无人机状态正常，如电量充足、信号良好、环境无风或者轻微风、周围无其他障碍物等。

4. 在无人机直线飞行时如何调整无人机姿态？

答：无人机的飞行姿态会受到风的影响，需要无人机操控员持续地调整无人机姿态。无论是为了维持直线航行，还是要进行细微的航线调整，都可以通过拨动副翼摇杆再回中的动作达到精确操纵的效果。

5. 固定翼无人机起飞方式通常包含哪几种？

答：固定翼无人机起飞方式通常包含滑跑起飞、手抛起飞、弹射起飞3种。

组织评价

教师对学生学习过程与学习结果进行评价，并将评价结果填入表 3-3。

表 3-3　教师综合评价表

姓名：		班级：	学号：	
学习任务				
学习过程				
评价项目	评价要求		分值	得分
资源素材搜集学习状况	针对引导问题独立搜集相关资料，完成隐性素材资源的学习		10	
学习态度	态度端正、积极，无无故缺勤、迟到、早退现象		10	
团队意识	与小组成员、同学之间相互交流探讨		5	
职业素质	有耐心，细心，有较强的观察分析能力，有质量意识		10	
创新意识	结合任务内容，能发现问题并提出解决问题的思路		5	
学习结果				
评价项目	评价要求		分值	得分
知识能力	1.掌握固定翼无人机飞行操控要点 2.了解固定翼无人机飞行操控注意事项		20	
实践技能	1.能够进行固定翼无人机起飞与降落、水平圆形、直线往返的基础飞行操作 2.能够进行固定翼无人机五边航线、低空通场和水平8字的进阶飞行操作		40	
合计				

项目四　垂直起降固定翼无人机飞行操控

项目规划

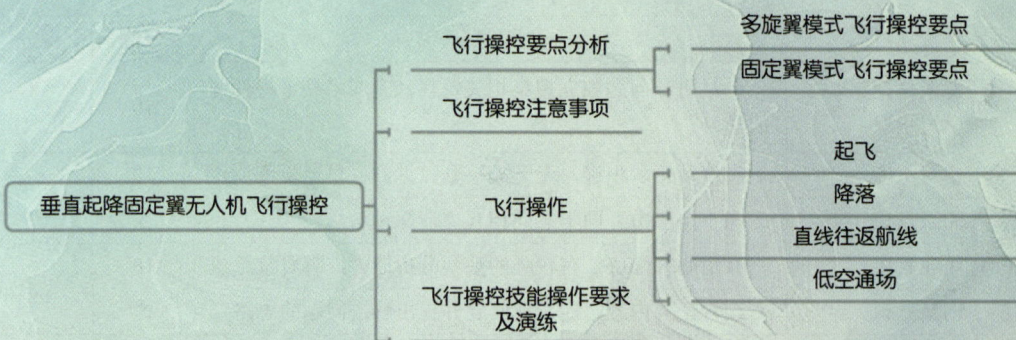

项目引入

随着科技的不断发展，垂直起降固定翼无人机在更多的领域得到应用，为人类的生产和生活带来便利和效益，更带来了全新的发展机遇。多旋翼无人机存在着飞行速度慢、任务空间半径小的问题，而固定翼无人机虽然速度快、任务空间半径大，但是不能实现垂直起降的功能，对于起飞场地有较高要求，在使用上受到极大限制。垂直起降固定翼无人机能够在有限的场地内实现灵活起降，也可以达到快速飞行的目的，极大地弥补了多旋翼无人机和固定翼无人机的短板，能更灵活地完成飞行任务。想要从事无人机商业飞行的人员，尤其是需要进行长航时、远距离、高技术的无人机作业项目人员，学好垂直起降固定翼无人机操控技术将为自己带来更多的就业机会和发展空间。

学习目标

(1) 掌握垂直起降固定翼无人机飞行操控要点；

(2) 了解垂直起降固定翼无人机飞行操控注意事项；

(3) 能够进行垂直起降固定翼无人机起飞与降落、水平运动、直线往返和四面悬停基础飞行操作；

(4) 能够进行垂直起降固定翼无人机转弯五边航线、360°自旋、低空通场、水平圆形航线和水平8字进阶飞行操作。

思政要点

　　学习过程中坚持理论与实践相结合，着重提高分析和解决问题的能力，是成为高素质技能型人才的基础。本项目采用理论与实践相结合的方式，有助于我们掌握马克思主义世界观和方法论，深刻理解习近平新时代中国特色社会主义思想，树立探索未知、追求真理、勇攀科学高峰的责任感和使命感，以及科技报国的家国情怀和使命担当。

知识教学

任务一　飞行操控要点分析

　　垂直起降固定翼无人机飞行操控分为多旋翼模式和固定翼模式两部分，现分别对两部分飞行操控要点进行分析。

1. 多旋翼模式飞行操控要点

1) 解锁及启动电动机操作

　　垂直起降固定翼无人机解锁有遥控器解锁和地面站解锁两种方式，遥控器解锁及启动电动机的具体流程和操作可参考多旋翼无人机解锁及启动电动机操作部分。

　　地面站解锁是在完成"设置降落点"后，"设置降落点"按钮中"设置降落点"字样变为"解锁（起飞）"，当航灯为绿色慢闪状态或地面站飞行仪表显示"准备就绪"时，点击"解锁（起飞）"进行解锁，按弹出"警告"检查无人机，检查完成后点击"确定"，地面站将弹出"任务信息预览"窗口，预览完成后点击"确定"，无人机旋翼部分螺旋桨开始低速旋转并逐渐进入到怠速状态。

2) 上升飞行操作

　　解锁之后，缓慢推动遥控器油门摇杆，垂直起降固定翼无人机在旋翼部分螺旋桨的带动下开始缓慢上升，油门摇杆回中，无人机立即实现悬停，继续推动油门摇杆，无人机将继续上升。

3) 下降飞行操作

　　需要进行下降飞行操作时，缓慢下拉遥控器油门摇杆，无人机开始下降，油门摇杆回中，无人机立即实现悬停。

4) 前进飞行操作

无人机在空中悬停时，推动遥控器升降舵摇杆，即可向前移动，升降舵摇杆回中，无人机立即实现悬停。

5) 后退飞行操作

无人机在空中悬停时，下拉升降舵摇杆，即可向后移动，升降舵摇杆回中，无人机立即实现悬停。

6) 左平移飞行操作

无人机在空中悬停时，向左拨动副翼摇杆，无人机即可向左平移，副翼摇杆回中，无人机立即实现悬停。

7) 右平移飞行操作

无人机在空中悬停时，向右拨动副翼摇杆，无人机即可向右平移，副翼摇杆回中，无人机立即实现悬停。

8) 左转向飞行操作

无人机在空中悬停时，向左拨动方向舵摇杆，无人机即可向左旋转，方向舵摇杆回中，无人机将保持当前朝向。

9) 右转向飞行操作

无人机在空中悬停时，向右拨动方向舵摇杆，无人机即可向右旋转，方向舵摇杆回中，无人机将保持当前朝向。

2. 固定翼模式飞行操控要点

1) 滚转飞行操作

在进行滚转操作时，将遥控器上的副翼摇杆向左或向右拨动，控制无人机进行滚转。需要注意的是，整个过程中始终向左或向右拨动副翼摇杆，直到无人机滚转到合适角度。滚转飞行动作如图 4-1 所示。

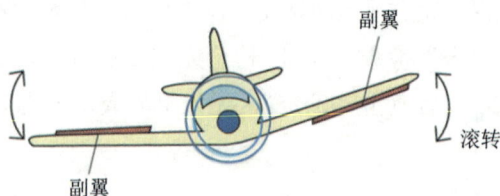

图 4-1　滚转飞行操作

2) 俯仰飞行操作

在进行俯仰操作时，将遥控器上的升降舵摇杆推动或下拉，控制无人机俯仰。需要注意摇杆的推拉幅度要适度，且需时刻观察无人机的俯仰角度，以免俯仰角度过大导致无人机失速。俯仰飞行动作如图 4-2 所示。

图 4-2　俯仰飞行操作

3) 偏航飞行操作

在进行偏航操作时，需要向左或向右拨动遥控器的方向舵摇杆，控制无人机偏航。注意摇杆的拨动幅度要适度，且需时刻观察无人机的偏航角度，通常情况下，方向舵摇杆需和副翼摇杆一起使用来控制无人机的协调转弯。偏航飞行动作如图 4-3 所示。

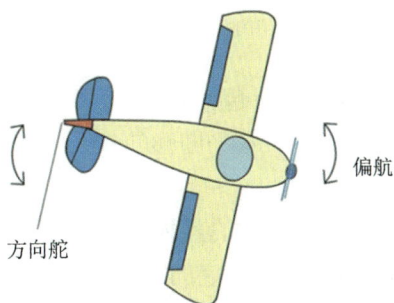

图 4-3　偏航飞行操作

4) 速度加减飞行操作

无人机速度加减操作需要通过遥控器油门摇杆进行控制。推动油门摇杆，无人机加速；反之，无人机减速。

任务二　飞行操控注意事项

垂直起降固定翼无人机飞行操控注意事项如下：

(1) 检查起降场地及周围环境是否适合作业及起降场地是否合理。选择开阔、周围无高大建筑物的场所作为飞行场地，可提前通过地图对飞行区的地形地势进行初步了解。

(2) 飞行前要对无人机机身、遥控器和地面站进行全面检查，并确保设备电量充足。

(3) 勿在大风、下雪、下雨、大雾等恶劣天气下飞行。

(4) 勿超过安全飞行高度。

(5) 无人机要在视线范围内飞行，时刻保持对无人机的控制。

(6) 应在 GPS 信号良好的情况下飞行，GPS 信号不佳会导致无人机定位效果变差甚至无法定位。

(7) 要遵守当地法律法规，不要在机场附近、军事基地周边等禁飞区域飞行。

任务三 飞 行 操 作

垂直起降固定翼无人机训练内容包括起飞降落、水平运动、四面悬停、直线往返航线、360°自旋、五边航线、低空通场飞行、水平圆形航线、水平 8 字，练习时分旋翼和固定翼两部分进行。

关于水平运动、四面悬停、360°自旋的具体操作方法，可参考多旋翼无人机飞行操控章节。五边航线、水平圆形航线和水平 8 字的具体操作方法，可参考固定翼无人机飞行操控章节。在此，仅对垂直起降固定翼无人机起飞降落、直线往返航线和低空通场飞行的操作内容进行讲解。

1. 起飞

垂直起降固定翼无人机起飞时采用垂直起飞方式，原理与多旋翼无人机相同。当无人机垂直上升到一定高度后使用遥控器切换至固定翼模式，这时无人机的前拉电动机将启动，切换过程中飞控将自动保持无人机的飞行高度，直到达到固定翼最小空速则代表切换成功。切换成功后多旋翼部分将缓慢关闭，进入纯固定翼模式飞行。

垂直起降固定翼无人机起飞（动画）

垂直起降固定翼无人机起飞（实操）

2. 降落

飞行任务执行完毕后，垂直起降固定翼无人机在降高点盘旋降高，无人机机头对准降落点方向，这时使用遥控器从固定翼模式切换至多旋翼模式，动力系统中多旋翼部分的 4 个电动机将开始运作，前拉电动机停止工作，当垂直起降无人机可以达到悬停状态时代表转换成功。继续向下拉动遥控器油门摇杆，当无人机即将接近地面时，缓缓将油门摇杆向下拉到底，这时无人机便可实现着陆，着陆后继续保持油门摇杆在最低位置，直到螺旋桨停止旋转，降落完成。

垂直起降固定翼无人机降落（动画）

垂直起降固定翼无人机降落（实操）

3. 直线往返航线

垂直起降固定翼无人机直线往返飞行是指在固定翼模式下，无人机

垂直起降固定翼无人机往返航线飞行 (实操)

飞到一定高度后，从某一点飞行到另一点，然后再飞回来，飞行过程中飞行高度不变，两点之间的轨迹呈一条直线。

4. 低空通场

垂直起降固定翼无人机低空通场是在固定翼模式下进行的，容易受风切变和下沉气流、飞鸟的影响。垂直起降固定翼无人机低空通场飞行高度具体要根据飞行性质以及机型判断。在低空通场飞行训练时，首先让无人机起飞后在低空环境下保持直线平飞，在接近转弯点前，稍向左拨动副翼摇杆使无人机转弯半径加大，然后向右拨动副翼摇杆同时减小油门，根据航线调整升降保持无人机高度；接下来向左拨动副翼摇杆将机翼摆平，在达到转弯高度前，稍向右拨动副翼摇杆使无人机转弯半径加大；之后向右拨动副翼摇杆同时减小油门，无人机飞行到指定航线高度后，向左拨动副翼摇杆摆平机身机翼；再向上推升降舵摇杆小幅度降低高度，在降低高度过程中，要观察机翼是否水平，用副翼小幅度进行调整，继续向上推升降舵摇杆适当减速；最后，在无人机接近地面 3～5 m 后保持油门摇杆中位，并根据高度适当推拉升降舵摇杆同时保持副翼水平，此时修正方向、摆正机头，使无人机向前低空、低速掠过跑道，如图 3-8 所示。

○ 技能演练

垂直起降固定翼无人机飞行操控技能操作要求如表 4-1 所示。

表 4-1　技能操作要求

操作内容	操作要求	通用要求
起飞和降落	正确进行多旋翼和固定翼无人机两种模式的切换，油门摇杆操纵均匀，姿态正常	无危险动作与姿态，操作柔和，无人机部件完好
水平直线飞行	油门摇杆操纵均匀，姿态正常	
直线往返	飞行过程中飞行高度不变，两点之间的轨迹呈一条直线	
四面悬停	无人机控制在规定范围内，水平位移不超过 ±1 m，垂直位移不超过 ±0.5 m，保证每个面都可以悬停 15 s 以上	
五边航线	根据风力和不同无人机受侧风影响去调整无人机航向偏移和转弯角度。即将着陆时如果判断出无人机可能会冲出跑道，马上进行复飞，进入一边爬升	
360° 自旋	旋转过程中以无人机几何中心为中心点，水平位移误差不超过 ±2 m，垂直高度误差不能超过 ±1 m。旋转时长应控制在 6～20 s，自旋过程中不能有停顿	
低空通场	飞行高度 3～5 m，降低高度过程中要通过观察无人机的真实飞行高度来判断降低的幅度，整个过程还要尽可能让无人机保持稳定的直线飞行	
水平圆形航线	水平圆形航线飞行过程中不能有停顿，侧倾角不可超过 45°	
水平 8 字	飞行中高度应保持一致，航线不得出现过大偏差，转弯应为圆弧形航线，转弯时机、舵量把握准确，不得出现急转弯	

垂直起降固定翼无人机飞行操控实训记录表如表 4-2 所示。

表 4-2　实 训 记 录 表

垂直起降固定翼无人机飞行操控		
组号		指导教师	
姓名		学号	
组员	姓名：_____　　学号：_____	
	姓名：_____　　学号：_____	
	姓名：_____　　学号：_____	
实训目的	1. 能够掌握垂直起降固定翼无人机飞行操控相关技能 2. 培养良好的学习习惯和严谨的科学态度，增强学生的沟通能力和实际动手能力 3. 了解所学专业的发展潜力，热爱并具有乐于从事无人机相关工作的决心和信心	
实训环境	室外飞行场地	
实训设备	奋斗者垂起无人机 1 套	
实训内容	1. 垂直起降固定翼无人机起飞与降落、水平运动、直线往返、四面悬停基础飞行操作 2. 垂直起降固定翼无人机转弯五边航线、360°自旋、低空通场、水平圆形航线和水平 8 字进阶飞行操作	
实训过程		
前期准备	1. 理论知识学习	
	2. 相关资料查阅	
	3. 设备、工具和材料准备	

实训步骤	1.具体操作方法
	2.实训过程中遇到的问题及解决方法
	3.你将如何进一步提高自身的实训操作能力
实训收获	1.通过这次实训学到了哪些知识和技能
	2.通过这次实训你对学习的理论知识有了哪些新的认识

项目总结

本项目首先介绍了垂直起降固定翼无人机飞行操控要点分析和飞行操控注意事项的内容，并在此基础上重点进行了垂直起降固定翼无人机起飞降落、水平运动、四面悬停、直线往返航线、360°自旋、五边航线、低空通场、水平圆形航线和水平8字飞行操控的学习，提升了实践能力和综合素质。

课后练习

1. 简述垂直起降固定翼无人机降落的操作过程。

答：在飞行任务执行完毕后，垂直起降固定翼无人机在降高点盘旋降高，无人机机头对准降落点方向，这时使用遥控器从固定翼模式切换至多旋翼模式，动力系统中多旋翼部分的4个电动机将开始运作，前拉电动机停止工作，当垂直起降无人机可以达到悬停状态时代表转换成功。继续向下拉动遥控器油门摇杆，当无人机即将接近地面时，缓缓将油门摇杆向下拉到底，这时无人机便可实现着陆，着陆后继续保持油门摇杆在最低位置，直到螺旋桨停止旋转，降落完成。

2. 简述垂直起降固定翼无人机直线往返飞行的操作内容。

答：垂直起降固定翼无人机直线往返飞行是指在固定翼模式下，无人机飞到一定高度后，从某一点飞行到另一点，然后再飞回来，飞行过程中飞行高度不变，两点之间的轨迹呈一条直线。

3. 为避免俯仰角度过大导致无人机失速，固定翼模式下无人机俯仰飞行操作需要注意什么？

答：需要注意摇杆的推拉幅度要适度，且需时刻观察无人机的俯仰角度，以免俯仰角度过大导致无人机失速。

4. 简述垂直起降固定翼无人机速度加减飞行的操作方法。

答：垂直起降固定翼无人机速度加减操作需要通过遥控器油门摇杆进行控制。推动油门摇杆，无人机加速；反之，无人机减速。

5. 无人机低空通场飞行容易受哪些因素的影响？

答：无人机低空通场飞行容易受风切变和下沉气流、飞鸟的影响。

组织评价

教师对学生学习过程与学习结果进行评价，并将评价结果填入表4-3。

表4-3　教师综合评价表

姓名：		班级：	学号：		
学习任务					
学习过程					
评价项目	评价要求			分值	得分
资源素材搜集学习状况	针对引导问题独立搜集相关资料，完成隐性素材资源的学习			10	
学习态度	态度端正、积极，无无故缺勤、迟到、早退现象			10	
团队意识	与小组成员、同学之间相互交流探讨			5	
职业素质	有耐心，细心，有较强的观察分析能力，有质量意识			10	
创新意识	结合任务内容，能发现问题并提出解决问题的思路			5	
学习结果					
评价项目	评价要求			分值	得分
知识能力	1. 掌握垂直起降固定翼无人机飞行操控要点 2. 了解垂直起降固定翼无人机飞行操控注意事项			20	
实践技能	1. 能够进行垂直起降固定翼无人机起飞与降落、水平运动、直线往返和四面悬停的基础飞行操作 2. 能够进行垂直起降固定翼无人机转弯五边航线、360°自旋、低空通场、水平圆形航线和水平8字的进阶飞行操作			40	
合计					

项目五　无人直升机飞行操控

项目规划

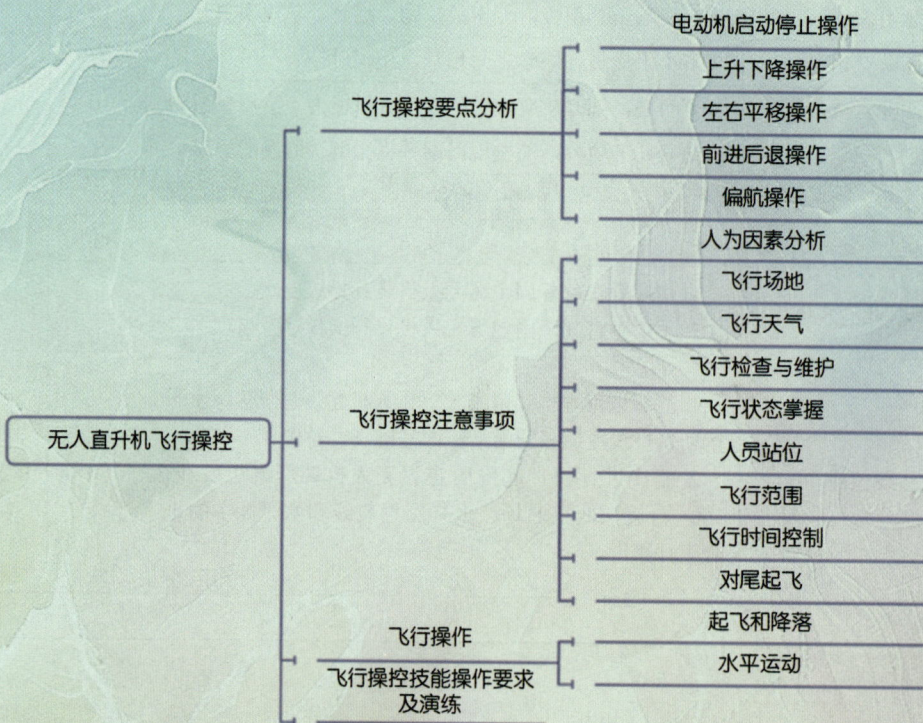

无人直升机飞行操控
- 飞行操控要点分析
  - 电动机启动停止操作
  - 上升下降操作
  - 左右平移操作
  - 前进后退操作
  - 偏航操作
- 飞行操控注意事项
  - 人为因素分析
  - 飞行场地
  - 飞行天气
  - 飞行检查与维护
  - 飞行状态掌握
  - 人员站位
  - 飞行范围
  - 飞行时间控制
  - 对尾起飞
- 飞行操控技能操作要求及演练
  - 飞行操作
    - 起飞和降落
    - 水平运动

项目引入

　　过去 10 年，无人直升机取得的成绩有目共睹，续航和智能化水平大幅提高，应用场景广布各行各业。无人直升机凭借垂直起降、空中悬停、着陆场地小、部署灵活等优势，在地质勘探、农林、消防、物流、气象监测等民用领域充分展示了其用武之地。例如，在森林消防领域，无人直升机起降方便、载荷大、航程远，可以用灭火弹将山火消灭在萌芽状态；在高原物流领域，面对空气稀薄、机场等基础设施不足的情况，无人直升机非常适合用于哨所的物资投送和保障边防补给；在军事国防领域，与有人直升机相比，无人直升机体积小、造价低，能够有效避免人员伤亡，被广泛用于执行侦察、监视、目标截获、诱饵、攻击、通信中继等各种非杀伤性和杀伤性任务。技术发展日新月异，产品迭代目不暇接。未来，无人直升机将朝着安全性高、操作简单、成本低的方向不断发展，在载荷、续航时间等性能上不断迭代升级，以满足更多行业需求。

学习目标

(1) 掌握无人直升机飞行操控要点；

(2) 了解无人直升机飞行操控注意事项；

(3) 能够进行无人直升机起飞与降落、水平直线运动、四面悬停和水平四边航线基础飞行操作；

(4) 能够进行无人直升机转弯四边航线、360°自旋、水平圆形航线和水平8字进阶飞行操作。

思政要点

事物的发展变化不总是一帆风顺的，无人机的发展之路是一条追求卓越的创新之路，这需要无数工匠坚持不懈地努力。在《说文解字》中这样解释工匠的含义："工，巧饰也；匠，木工也。"工匠指在技艺上有专长或有成就的人。在我国古代，一直弘扬"笔成冢、墨成池"的勤学苦练，以及"二句三年得，一吟双泪流"的艰辛求索精神，成功的背后是超出常人的努力。在进行无人机相关专业知识和技能学习时，我们要深刻领会工匠精神的内涵，努力塑造认真负责、精工细作、精益求精的匠人精神。

知识教学

任务一　飞行操控要点分析

1. 电动机启动停止操作

1) 电动机启动操作

关闭无人直升机油门锁开关，螺旋桨开始转动，直到电动机达到恒定转速，电动机启动完成。

2) 电动机停止操作

当无人直升机着陆后，打开油门锁开关，电动机停止转动。

2. 上升下降操作

无人直升机的上升下降是通过改变旋翼的螺距大小，从而改变升力使机体上升或下降。

如使无人直升机上升，需将遥控器油门摇杆在油门中位稍微上推；反之，控制油门摇杆低于油门中位，则无人直升机将下降。

3. 左右平移操作

无人直升机左右平移操作只需要在无人直升机处于悬停状态时，向左或向右拨动副翼摇杆，无人直升机则实现左右方向平移。

4. 前进后退操作

无人直升机前进后退操作只需要在无人直升机处于悬停状态时，基于摇杆中位轻微推拉升降舵摇杆，无人直升机则会向前或向后移动。在前进飞行时，往后轻拉升降舵摇杆，机体则停止前进实现刹车。

5. 偏航操作

主旋翼回转时所产生的扭力需借助尾旋翼操控螺距变化来抵消，再搭配陀螺仪辅助进行自动修正，使机体飞行更加稳定。在无人直升机处于悬停状态时，基于摇杆中位往左或右轻微拨动遥控器方向舵摇杆对尾旋翼进行控制，此时无人直升机以主轴为中心做转向运动，实现偏航操作。

任务二　飞行操控注意事项

1. 人为因素分析

避免人员在酒后、疲劳或其他精神不能集中的情况下操作无人机。尤其是操控员疲劳后继续飞行，会导致判断力下降，极易引发飞行事故。

2. 飞行场地

起飞地面为水泥、草地等平整地面，避免在尘土堆积和影响设备安全飞行的地面起降。远离人群、高楼、树木、高压线和强电磁干扰等环境。

3. 飞行天气

飞行前，需充分了解当地的天气情况，避免在雨、雪、大雾等天气飞行，飞行环境温度在 −10～35℃ 之间，飞行环境风力在 3 级以内。若飞行过程中遇到突发天气情况，一定要立刻返航。

4. 飞行检查与维护

飞行前进行机务、遥控器等全方位的设备检查。飞行后对电池电量、无人机外观、机载设备进行检查，并进行设备清点和维护。

5. 飞行状态掌握

起飞后需一直关注无人机的飞行状态，掌握无人机实时飞行数据，确保飞行时各项飞行数据指标正常。远距离飞行时，要求安全员通过对讲机即时汇报无人机的实时状态。

6. 人员站位

如图 5-1 所示，出于安全考虑，操控员与无人机起飞点距离应大于 5 m，其余人员站在操控员后方。飞行时务必远离人群，若进行演示作业，客户或围观群众需距离无人机 10～15 m，以保证安全。

图 5-1　人员站位

7. 飞行范围

无人机不可越过操控员头顶。如图 5-2 所示，在飞行时，要保证无人机处于操控员的视线范围内，以不超过操控员前方 120° 范围为宜，不要让无人机飞到障碍物后方。

8. 飞行时间控制

飞行时间是根据剩余安全电量决定的，无人机通电前需要给动力电池连接测电器并设置报警电压。无人机使用的锂电池报警电压一般设置为 3.6 V 以上，电量耗尽会引起严重后果，当飞行过程中测电器报警声响起时，需尽快操控无人机降落。

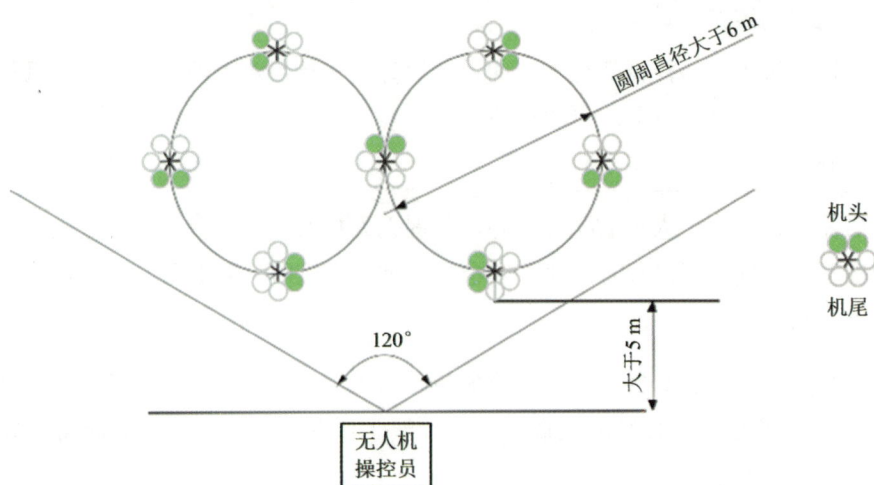

图 5-2 飞行范围

9. 对尾起飞

起飞时注意让无人机的尾部朝向自己，以防操控员发生判断错误。

任务三 飞 行 操 作

无人直升机和多旋翼无人机都是旋翼类无人机，其训练内容与多旋翼无人机类似，同样包括起飞降落、水平运动、四面悬停、360°自旋、四边航线、水平圆形航线和水平8字等内容，但相对多旋翼无人机来讲，无人直升机对操作技巧要求更高，同样动作需要多次进行遥控器摇杆调整方可实现。进行无人直升机飞行前，为避免操作不当造成损失，必须勤加练习直至能够熟练操纵各控制舵。本章节仅对无人直升机起飞降落和水平运动的操作内容进行讲解，其他操作的具体操作方法，可参考多旋翼无人机飞行操控章节。

无人直升机
起飞(动画)

无人直升机起飞
和降落(实操)

1. 起飞和降落

1) 起飞

(1) 将无人机机头向前放置在起飞点上并完成飞前检查；

(2) 操控员站在距离起飞点5 m外的位置，关闭油门锁，等待电动机转速启动完成；

(3) 轻推油门摇杆过油门中位，无人机脱离地面并飞至距地面2 m高度，完成起飞动作。

提示：

　　• 若起飞过程中无人机受风的扰动造成无人机机身倾斜，需待无人机完全离地后再进行小幅度的调整，否则会导致螺旋桨打到地面造成飞行事故；

　　• 起飞离地过程要果断，以防止无人机受到外界扰动时产生侧向运动趋势，导致无人机侧翻。

2) 降落

　　(1) 控制无人机到降落点上空，机头向前，降低油门，控制无人机下降；

　　(2) 无人机降低至离地面 1 m 左右，继续缓慢控制无人机下降至地面，将油门摇杆拉至最低；

　　(3) 打开油门锁，等待电动机停转，完成降落。

无人直升机
降落 (动画)

提示：

　　• 降落时，无人机离地越近产生的地面效应越强，导致升力增大，此时需要继续降低油门，控制无人机下降。

　　• 无人机接地后应立刻将油门摇杆拉至最低，否则会出现"蛙跳"的情况。

2. 水平运动

　　无人机水平运动包括前、后、左、右飞行，是直升机伺服机构通过改变十字盘的循环螺距实现的。进行前后水平运动训练时，无人机机头朝前，保持无人机离地 2 m，遥控器升降舵摇杆基于中位推杆，无人机向前运动；遥控器升降舵摇杆基于中位拉杆，无人机向后运动。

无人直升机水平
运动 (动画)

无人直升机水平
运动 (实操)

同理，进行左右水平运动训练时，无人机机头朝前，保持无人机离地 2 m，遥控器副翼摇杆基于中位向左拨动，无人机向左运动；遥控器副翼摇杆基于中位向右拨动，无人机向右运动。

提示：

　　• 控制无人机前、后、左、右水平运动的同时，需控制摇杆保持无人机高度；

　　• 受外界扰动的情况下，在控制无人机前后运动时，会产生左右方向的偏移，需同步微调副翼摇杆进行纠正，使飞行航线保持为直线。同理，在控制左右运动时，会产生前后方向的偏移，需同步微调升降舵摇杆进行纠正，使飞行航线保持为直线。

◯ 技能演练

　　无人直升机飞行操控技能操作要求如表 5-1 所示。

表 5-1　技能操作要求

操作内容	操作要求	通用要求
起飞和降落	摇杆操纵均匀，无人机姿态正常，不出现侧翻或蛙跳的情况	无危险动作与姿态，操作柔和，无人机部件完好
水平运动	摇杆操纵均匀，无人机姿态正常，机头朝前，保持无人机离地 2 m	
四面悬停	无人机控制在规定范围内，水平位移不超过 ±1 m，垂直位移不超过 ±0.5 m，保证每个面都可以悬停 15 s 以上	
平行四边形航线	采取直线飞行完成矩形四边航线的飞行，进行边与边的切换时，不可太早也不可太晚，确保无人机的飞行轨迹控制在规定范围内	
转弯四边航线	在平行四边形航线基础上，把握转弯时机，转弯的大小为 90°	
360° 自旋	旋转过程中以无人机几何中心为中心点，水平位移误差不超过 ±2 m，垂直高度误差不能超过 ±1 m。旋转时长应控制在 6～20 s，自旋过程中不能有停顿	
水平圆形航线	圆周直径为 6～15 m，无人机水平位移误差不超过 ±2 m，垂直位移误差不超过 ±1 m，水平圆形航线飞行过程中不能有停顿，航向与标准航线切线夹角不超过 15°	
水平 8 字	单个圆直径为 6～15 m，无人机水平位移误差不超过 ±2 m，垂直位移误差不超过 ±1 m，无人机位移无卡顿，航向与标准航线切线夹角不超过 15°	

无人直升机飞行操控实训记录表如表 5-2 所示。

表 5-2　实训记录表

无人直升机飞行操控			
组号		指导教师	
姓名		学号	
组员	姓名：＿＿＿＿＿＿＿＿＿　　　　学号：＿＿＿＿＿＿＿＿＿		
	姓名：＿＿＿＿＿＿＿＿＿　　　　学号：＿＿＿＿＿＿＿＿＿		
	姓名：＿＿＿＿＿＿＿＿＿　　　　学号：＿＿＿＿＿＿＿＿＿		
实训目的	1.能够掌握无人直升机操控飞行相关技能 2.培养团队协作精神，提升协调能力和分析解决实际问题的能力 3.提高实践能力和综合素质，帮助操控员未来能更加顺利地融入社会		
实训环境	室外飞行场地		
实训设备	亚拓 450L 直升机 1 套		
实训内容	1.无人直升机起飞与降落、水平直线运动、四面悬停和平行四边航线基础飞行操作 2.无人直升机转弯四边航线、360°自旋、水平圆形航线和水平 8 字飞行进阶飞行操作		

实 训 过 程		
前期准备	1. 理论知识学习	
	2. 相关资料查阅	
	3. 设备、工具和材料准备	
实训步骤	1. 具体操作方法	
	2. 实训过程中遇到的问题及解决方法	
	3. 你将如何进一步提高自身的实训操作能力	
实训收获	1. 通过这次实训学到了哪些知识和技能	
	2. 通过这次实训你对学习的理论知识有了哪些新的认识	

项目总结

本项目我们主要学习了无人直升机飞行操控要点和注意事项，并重点进行了起飞与降落、水平直线运动、四面悬停、四边航线、360°自旋、水平圆形航线和水平8字飞行操控，更大程度提升了操控员对无人直升机的手动飞行能力。

课后练习

1. 出于安全考虑，在飞行操作时人员应如何站位？

答：出于安全考虑，操控员与无人机起飞点距离应大于5 m，其余人员站在操控员后方。飞行时务必远离人群，若进行演示作业，客户或围观群众需距离无人机10～15 m，以保证安全。

2. 简述无人直升机的上升下降操作要点。

答：无人直升机的上升下降是通过改变旋翼的螺距大小，从而改变升力使机体上升或下降的。如使无人直升机上升，需将遥控器油门摇杆在油门中位稍微上推，反之，则下拉油门摇杆低于油门中位，无人直升机将下降。

3. 无人直升机飞行时如何抵消主旋翼回转时所产生的扭力使机体飞行更稳定？

答：主旋翼回转时所产生的扭力需借助尾旋翼操控螺距变化来抵消，再搭配陀螺仪辅助进行自动修正，使机体飞行更加稳定。

4. 描述无人直升机起飞操作的步骤。

答：

① 将无人机机头向前放置在起飞点上并完成飞前检查；

② 操控员距离起飞点5 m外的位置，关闭油门锁，等待电动机转速启动完成；

③ 轻推油门摇杆过油门中位，无人机脱离地面并飞至距地面2 m高度，完成起飞动作。

5. 无人直升机降落时需要注意哪些事项？

答：

① 降落时，无人机离地越近产生的地面效应越强，导致升力增大，此时需要继续降低油门，控制无人机下降；

② 无人机接地后应立刻将油门摇杆拉至最低，否则会出现"蛙跳"的情况。

组织评价

教师对学生学习过程与学习结果进行评价，并将评价结果填入表5-3。

表 5-3　教师综合评价表

姓名：	班级：		学号：	
学习任务				
学习过程				
评价项目	评价要求		分值	得分
资源素材搜集学习状况	针对引导问题独立搜集相关资料，完成隐性素材资源的学习		10	
学习态度	态度端正、积极，无无故缺勤、迟到、早退现象		10	
团队意识	与小组成员、同学之间相互交流探讨		5	
职业素质	有耐心，细心，有较强的观察分析能力，有质量意识		10	
创新意识	结合任务内容，能发现问题并提出解决问题的思路		5	
学习结果				
评价项目	评价要求		分值	得分
知识能力	1. 掌握无人直升机飞行操控要点 2. 了解无人直升机飞行操控注意事项		20	
实践技能	1. 能够进行无人直升机起飞与降落、水平直线运动、四面悬停和水平四边航线基础飞行操作 2. 能够进行无人直升机转弯四边航线、360°自旋、水平圆形航线和水平 8 字进阶飞行操作		40	
合计				

项目六　无人机地面站飞行操控

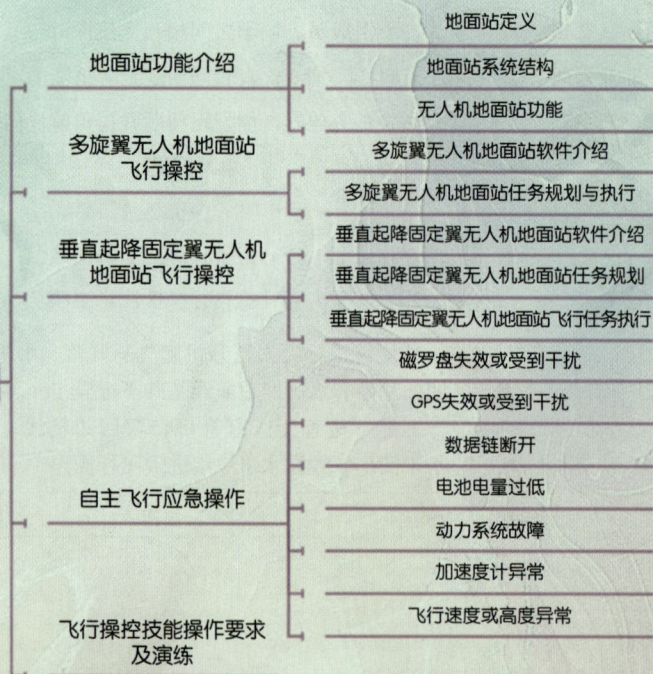

项目引入

随着科技的不断进步，无人机市场正在迅速崛起，其应用的领域和适用行业也愈发广泛，而地面站系统作为无人机的交互媒介，其涉及的原理和技术对无人机的发展具有十分重要的意义。地面站作为无人机系统不可缺失的一部分，是无人机系统的操纵中心，主要用来实时接收并处理无人机遥测的飞行数据，不定时地向无人机发送控制指令（如起飞、悬停）控制无人机的飞行，并负责完成无人机在飞行过程中的多种任务。无人机地面站操作的技术水平和操作效率很大程度影响着无人机的整体飞行过程，通过不断优化和提升无人机地面站操作的精准度，有助于减少操作误差和操作风险，推动无人机技术的发展和应用，实现无人机技术的革新。

学习目标

(1) 了解无人机地面站的功能；

(2) 能够采用 DJI Pilot 2 地面站软件对经纬 M300 多旋翼无人机进行地面站任务规划和飞行任务执行的相关操作；

(3) 能够采用极智 UAV GCS 地面站软件进行垂直起降固定翼无人机地面站任务规划和飞行任务执行的相关操作；

(4) 能够对生成和输出的成果文件进行检查；

(5) 掌握无人机地面站自主飞行应急操作的方式、方法。

思政要点

无人机技术的发展适应社会发展需求，为社会提供更加便捷、高效、安全的服务，用技术的力量造福社会，推动社会的可持续发展。因此，在无人机相关专业知识的学习过程中我们应认识社会责任的重要性，建立为社会发展和为人民服务的责任意识，进而通过所学知识和技能推动无人机产业的快速发展，为国家经济发展作出贡献。

知识教学

任务一　地面站功能介绍

地面站介绍

1. 地面站定义

无人机地面站又叫无人机控制站，是具有对无人机飞行平台和任务载荷进行监控和操纵能力的设备，是整个无人机系统重要的组成部分，是操控员直接与无人机交互的渠道。它集控制、通信、数据处理于一体，具有任务规划、任务回放、实时监测、数字地图、通信数据链等功能，是整个无人机系统的指挥控制中心。地面站下达任务给无人机，并根据下达的任务控制飞行平台和任务载荷自主完成飞行，飞行过程中地面站可以实时查看无人机的工作状态。地面站设备一般由遥控器、计算机、视频显示器、电源系统、无线电台等设备组成，大多数无人机都是单点地面站，通常只有一台电脑、一个无线电台和一个遥控器，电脑装有控制无人机的地面站软件。

2. 地面站系统结构

无人机地面站系统结构包括导航数据库、用户界面、地图导航、串口通信等模块。无人机与地面控制站通过无线数传电台通信，按照通信协议将收到的数据解析并显示，同时将数据实时存储到数据库中，在任务结束后读取数据库进行任务回放。

1) 导航数据库

导航数据库是无人机地面站系统中极其重要的一部分。航点及航线信息、任务记录信息、系统配置信息、历次飞行数据等都保存在数据库中。

2) 用户界面

用户界面模块是操控员与无人机交互的窗口，通常包含地图操控控件、虚拟航空仪表控件、菜单和基本控件等模块，界面友好，使用方便。

3) 地图导航

地图导航模块是根据无人机下传的经纬度和高程信息，将无人机的当前位置标注在地图上，同时标注无人机的飞行轨迹。地图导航功能还支持无人机居中，在地图上摄取航点，以及地图的放大、缩小、漫游等功能。

4) 串口通信

串口通信模块采用第三方串口通信类。地面站中实现了多线程、多串口的全双工通信，实时发送或接收数据。

3. 无人机地面站功能

无人机地面控制站软件的功能通常包括飞行监控、航线规划、任务回放、地图导航等。

1) 飞行监控功能

无人机通过无线数据传输链路，下传无人机当前各状态信息。地面站将所有的飞行数据保存，并将主要的信息用虚拟仪表或其他控件显示，供操控员参考。同时根据无人机的状态实时发送控制命令，操纵无人机飞行。

2) 航线规划功能

地面站能根据无人机任务需求，在地面站电子地图上手动或自动添加航点，为无人机规划最优的航路，将航线上传到无人机飞控后，无人机可以按照规划的航路执行飞行动作。

3) 任务回放功能

根据保存在数据库中的飞行数据，在任务结束后，使用地面站回放功能可以详细地观察飞行过程的每一个细节，检查任务执行效果。

4) 地图导航功能

地面站可根据无人机下传的经纬度信息，将无人机的飞行轨迹标注在电子地图上。同时可以规划航点航线，观察无人机任务执行情况。

任务二　多旋翼无人机地面站飞行操控

本任务以经纬 M300 地面站软件 DJI Pilot 2 为例，对多旋翼无人机地面站飞行操控方法进行说明。

1. 多旋翼无人机地面站软件介绍

DJI Pilot 2 是深圳大疆创新科技有限公司开发的一款地面站软件，专为大疆旗下无人机和云台相机等产品设计，集成多种专业功能，操作简单高效。DJI Pilot 2 拥有非常强大的画面监控能力和航线规划能力，通过使用该款软件可以有效配合大疆品牌无人机实现自动作业，简化工作流程并提升工作效率。此外，DJI Pilot 2 还具有固件升级和飞行记录查看功能。DJI Pilot 2 主界面如图 6-1 所示。

图 6-1　DJI Pilot 2 主界面

2. 多旋翼无人机地面站任务规划与执行

步骤一：开启无人机和遥控器。

(1) 开启无人机。

先短按再长按 2 s 无人机电源按键，开启无人机。

(2) 开启遥控器。

短按一次遥控器电源按键，再长按 2 s 以开启遥控器，打开 DJI Pilot 2 地面站软件，

多旋翼无人机地面站任务规划与执行 (实操)

点击主界面的"航线"选项进入航线规划,如图 6-2 所示。

图 6-2　进入航线规划

步骤二:创建航线。

(1) 进入创建航线界面。

进入创建航线界面后可以选择"创建航线"或"航线导入 (KMZ/KML)"选项。选择"创建航线"可在卫星地图上创建航线,使无人机完成自主化航线飞行;选择"航线导入"则可导入已创建好的航线内容。这里点击"创建航线"进入创建航线界面,如图 6-3 所示。

图 6-3　创建航线

(2) 航线类型选择。

DJI Pilot 2 提供航点飞行、建图航拍、倾斜摄影和航带飞行 4 种航线类型,可以根据任务需求及任务环境进行选择创建,如图 6-4 所示。这里以航点飞行为例进行航线创建,航线类型适用场景如下:

① 航点飞行:适用于规划单条航线,让无人机沿着航线飞行并进行拍照或录像。

② 建图航拍：适用于对一片区域进行下视影像采集，再进行二维重建。

③ 倾斜摄影：适用于多相机、多角度对一片区域进行影像采集，再进行三维重建。

④ 航带飞行：适用于对河道、公路、铁路等带状区域进行下视影像采集，获取影像数据。

图 6-4　选择航线类型

(3) 航点飞行规划方式选择。

航点飞行的规划方式包含地图选点和在线任务录制两种。地图选点是通过在地图界面中添加并编辑航点以生成航线；在线任务录制则是在飞行过程中记录无人机打点位置、拍照等信息以自动生成航线。点击"航点飞行"即可对规划方式进行选择，这里采用地图选点的规划方式，如图 6-5 所示。

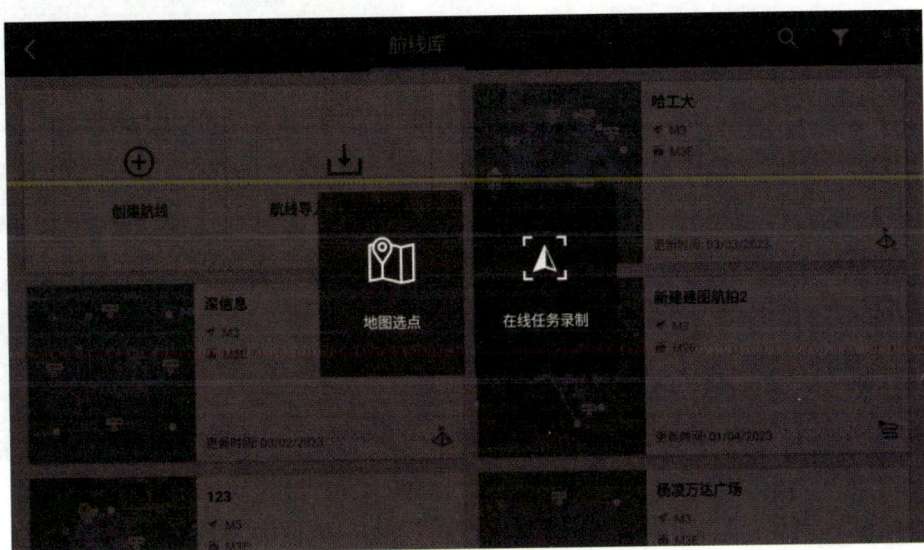

图 6-5　选择航点飞行规划方式

(4) 编辑航线。

点击地图界面，逐一添加航点并生成航线，如图 6-6 所示。

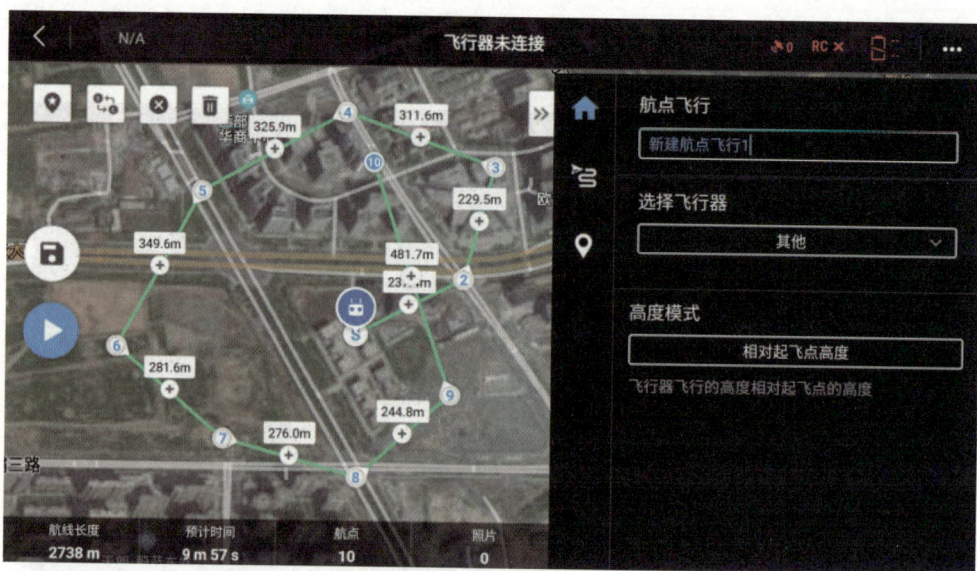

图 6-6　添加航点并生成航线

步骤三：设置航线参数。

(1) 主页参数设置。

在参数列表中编辑航线名称和高度模式，选择无人机和负载类型，这里采用"Matrice 300 RTK"搭载 H20N，如图 6-7 所示。

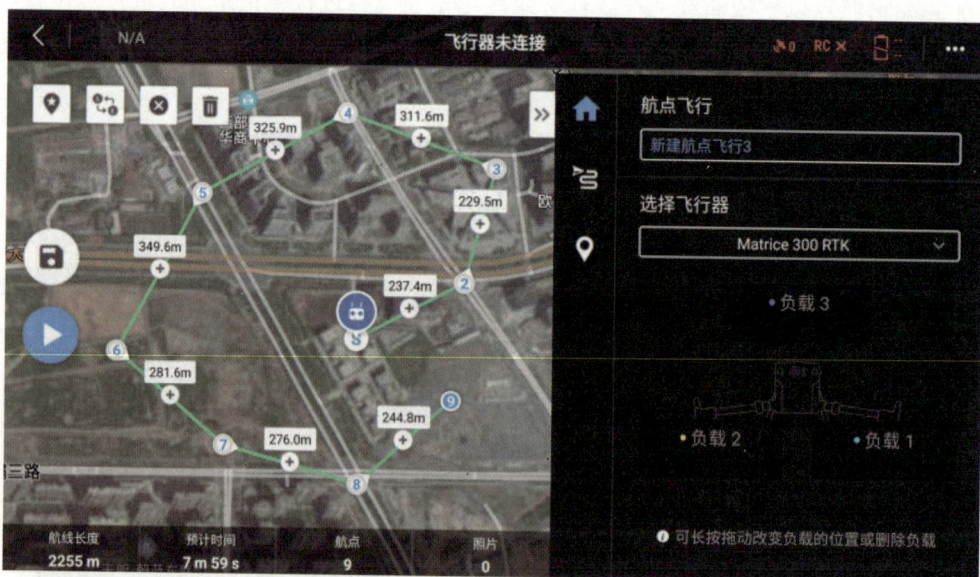

图 6-7　主页参数设置

(2) 航线设置。

如图 6-8 所示，航线设置包括安全起飞高度、倾斜爬升至起始点的开关、速度、高度、无人机偏航角模式、航点间云台俯仰角控制模式、航点类型、完成动作。航线参数设置对航线所有航点生效。

图 6-8　航线设置

(3) 单个航点设置。

点击地图界面中的航点，也可点击"＜"或"＞"切换航点，便可进行单个航点设置。如图 6-9 所示，航点设置包括无人机速度、高度、无人机偏航角模式、航点类型、无人机旋转方向、云台俯仰角、航点动作、经度和纬度等。

图 6-9　单个航点设置

(4) 储存航线。

完成航线规划后点击储存按钮 📥 进行航线储存，可在航线界面查看储存航线，如图 6-10 所示。

图 6-10　储存航线

步骤四：任务执行。

(1) 飞前检查。

点击左侧的按钮 ▶，进入"飞前检查"列表，用户可检查参数及无人机状态，并进行航线完成动作和航线失联行为设置，如图 6-11 所示。

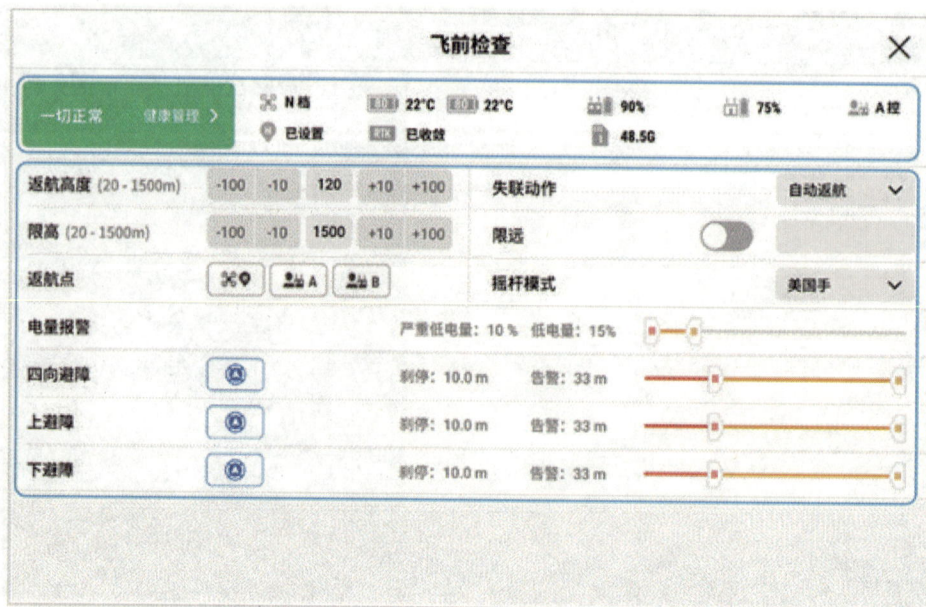

图 6-11　飞前检查列表

（2）上传航线。

点击"上传航线"，上传完成后点击"开始执行"即可执行当前航线任务。

> **提示：**
>
> • 执行航线任务类型时，无人机飞到航线起始点以及航线结束点会自动加减速一段距离；
> • 飞行过程出现黄灯快闪时，无人机进入失控保护；
> • 飞行过程出现红灯慢闪或快闪时，代表无人机进入低电量返航状态。

步骤五：关闭无人机和遥控器。

（1）关闭无人机。

飞行任务结束后，安全降落并关闭无人机，关闭无人机时先短按再长按 2 s 无人机电源按键即可。

（2）关闭遥控器。

短按一次遥控器电源按键，再长按 2 s 以关闭遥控器。

步骤六：生成文件检查

取出负载的 SD 卡，将 SD 卡插入电脑，检查新生成的文件数量、日期是否正确。

任务三　垂直起降固定翼无人机地面站飞行操控

本任务以极智 UAV GCS 地面站软件为例，对垂直起降固定翼无人机地面站飞行操控方法进行说明。

1. 垂直起降固定翼无人机地面站软件介绍

UAV GCS 地面站是基于航测用户设计的垂直起降固定翼无人机航测任务规划软件，该软件具备埋想的人机交互界面和智能的地面站航线规划算法，能够对航线规划操作步骤进行优化并一键生成测绘航线，并在保证数据采集精度的基础上减少数据采集量，大幅度优化了航线里程，给使用人员带来高效的航测体验。

2. 垂直起降固定翼无人机地面站任务规划

垂直起降固定翼无人机任务规划基本流程包括设置航测区域、设置航测参数、自动生成航点和导出任务几部分流程，如图 6-12 所示。

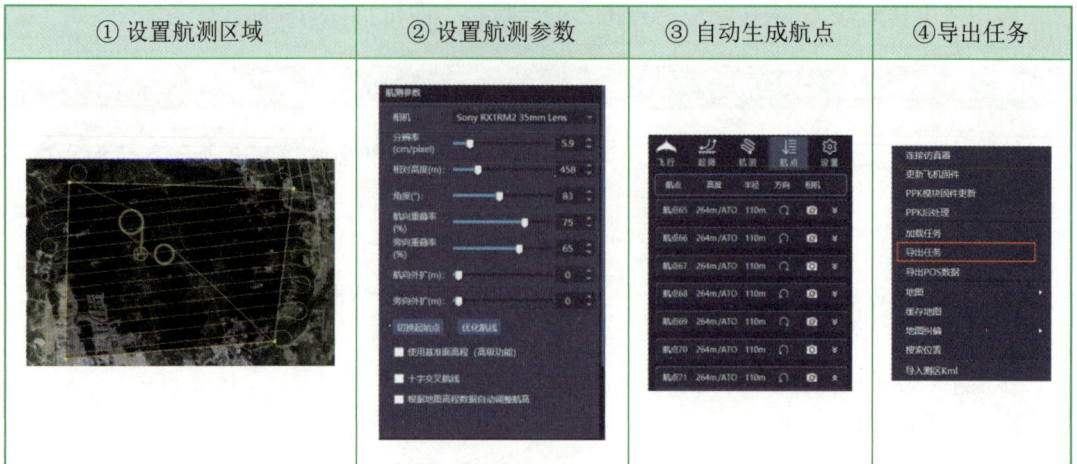

① 设置航测区域	② 设置航测参数	③ 自动生成航点	④ 导出任务

图 6-12　垂直起降固定翼无人机任务规划流程

1）查找航测区域

选择地图源，这里以"高德地图"为例。在地图中使用"UAV"选项卡中的"搜索位置"功能查找航测区域，如图 6-13 所示。

图 6-13　搜索任务区域

2）建立航测区域

如图 6-14 所示，单击右侧"航测"选项卡，在地面站地图显示区会自动生成一个多边形的阴影区域，单击多边形的边可对多边形的顶点进行添加，通过拖动多边形的顶点即可对航测区域的范围及形状进行调整，如需整体调整航测位置可长按鼠标左键拖动阴影区域。

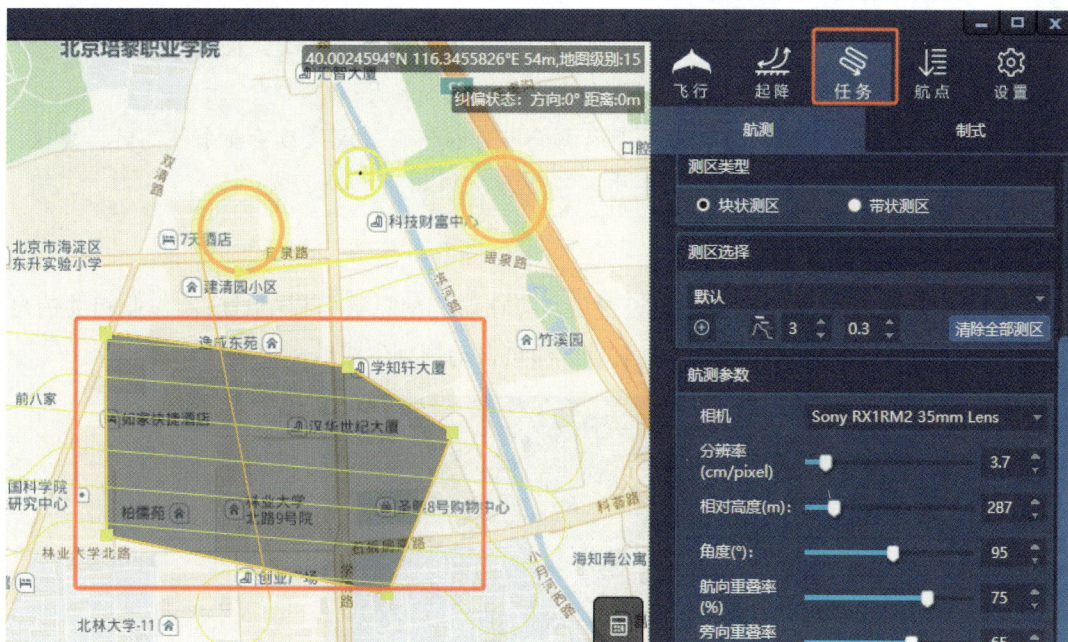

图 6-14　建立航测区域

3) 设置航测参数

在"航测"选项卡中按航测要求对"分辨率""高度""角度"与"重叠率"等参数进行设置，如图 6-15 所示。

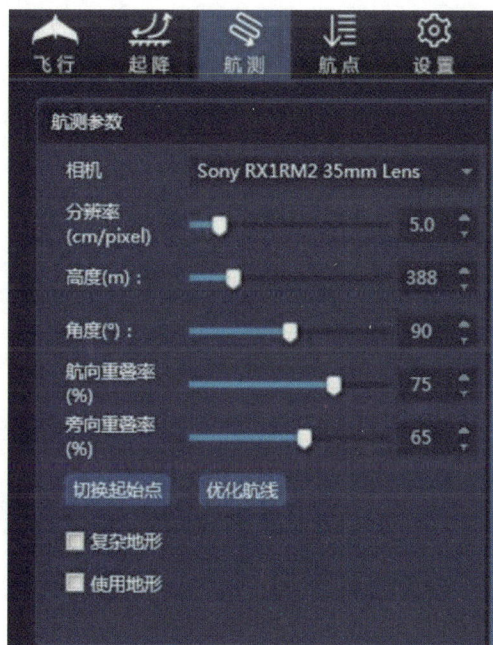

图 6-15　设置航测参数

提示：

• 无人机飞行高度与分辨率互为影响因素，飞行高度越高，获得的图像中每个像素所代表的地面距离就越大，单次作业面积也就越大；

• 默认航向重叠率为75%，旁向重叠率为60%，若成果质量要求较高时，建议航向重叠率不低于80%，旁向重叠率不低于65%。

4) 自动生成航测任务

如图6-16所示，完成航测参数设置后，可在航测信息数据栏中对航测作业相关信息进行查看，确认无误后，点击"生成航点"即可自动规划生成航测任务。

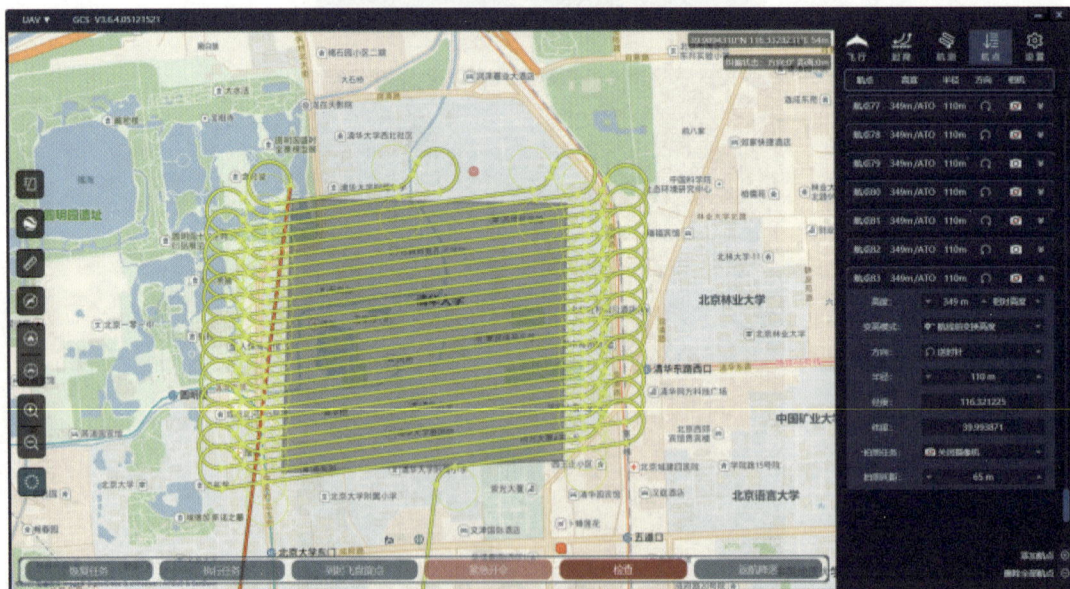

图6-16　生成航线

5) 导出或加载任务

如图6-17所示，点击UAV菜单栏中的"导出任务"选项，即可将航测任务保存在指定的路径。同理，选择"加载任务"即可加载已有航测任务直接进行使用。提前在地面站软件中将作业区域地图进行预存，并在电脑中提前将航线进行规划和保存，可以有效减少外场任务作业时间。但实际作业时，需根据实际地形地势及周边建筑物、人畜活动等情况对航线进行合理调整。

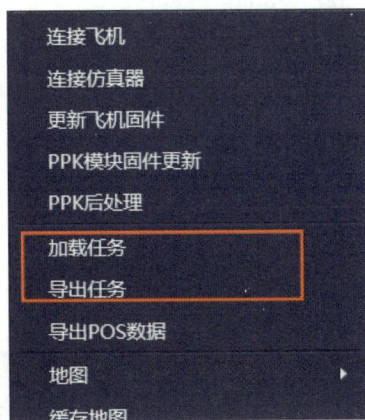

图 6-17　导出或加载任务

垂直起降固定翼
无人机地面站
任务规划与执行
（实操）

3. 垂直起降固定翼无人机地面站飞行任务执行

步骤一：起降设置。

(1) 起飞参数设置。

如图 6-18 所示，在"起降"选项卡中可对起飞盘旋点"高度""方向""半径""起飞高度"和"起飞角度"等起飞参数进行设置。

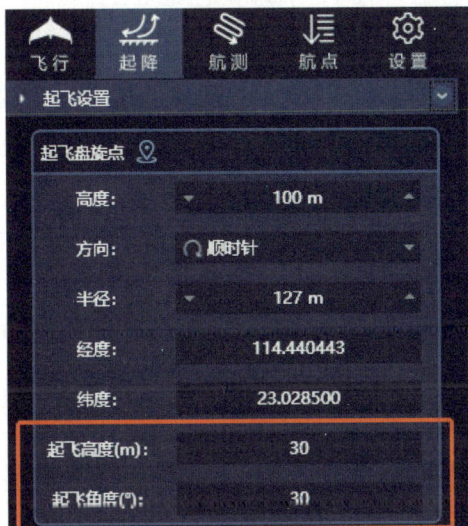

图 6-18　起飞参数设置

(2) 起飞盘旋点位置设置。

进行起飞盘旋点位置设置时，直接在地面站地图显示区拖动起飞盘旋点至适合的位置即可。

> **提示：**
>
> • 由于逆风飞行更有利于无人机平稳地飞往起飞盘旋点，因此可将起飞盘旋点设置在起飞点逆风方向的 200～300 m 距离内；
>
> • 为提升无人机爬升效率，尽可能将盘旋点半径设得大一些；
>
> • 将机头方向朝向起飞路径放置，并在地面站中检查机头方向是否与规划路径起飞方向无较大偏差，防止出现因对场地方向不熟悉导致的起降方向规划错误。

(3) 降落盘旋点参数设置。

如图 6-19 所示，在"起降"选项卡中可对降落盘旋点"高度""方向""半径"等参数进行设置。

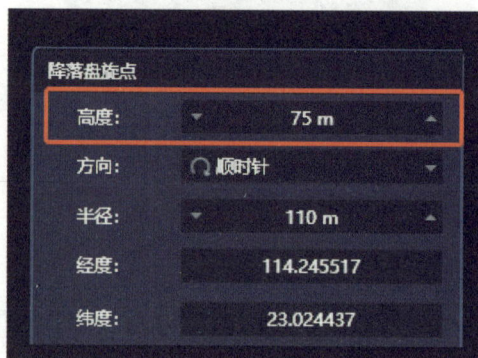

图 6-19　降落盘旋点参数设置

(4) 降落盘旋点位置设置。

降落盘旋点位置设置方式与起飞盘旋点位置设置方式相同，拖动降落盘旋点即可进行位置和降落方向设置，该点可作为返航的安全盘旋点，也可作为无人机飞行紧急状况下的安全盘旋位置。

(5) 降落参数设置。

如图 6-20 所示，在起降选项卡中可对降落的"直线距离""开伞垂起转换高度""降落进场速度"等参数进行设置。降落时，垂起转换高度被分为两个阶段并自动执行无人机垂直降落。第一阶段速度较快，默认为 3.5 m/s。第二阶段将以较慢速度缓慢靠近降落点正上方，默认高度为 6 m，默认速度为 0.5 m/s。

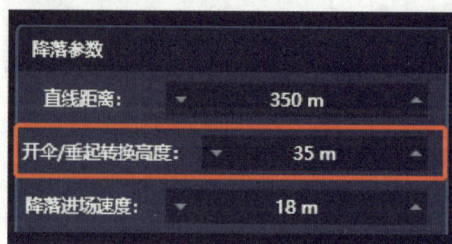

图 6-20　降落参数设置

步骤二：无人机连接。

(1) 通电自检。

给无人机通电，无人机将自动校准各传感器并自主进行驾驶仪检测，此时切勿晃动无人机，否则将导致陀螺仪校准失败或造成误差。

(2) 连接无人机。

如图 6-21 所示，点击 UAV 菜单栏中的"连接飞机"，地面站软件将自动连接无人机并上传航测任务。

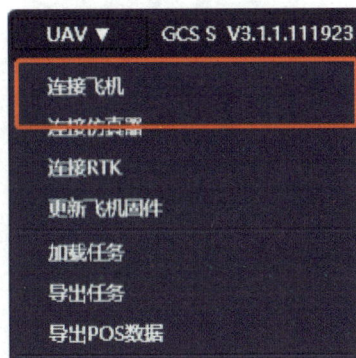

图 6-21 连接无人机

提示：

如果出现连接失败，可执行以下操作重新进行连接：

- 手动选择串口；
- 给无人机重新上电并将数传 USB 断开重新进行连接；
- 尝试更换数据线；
- 重启或更换电脑；
- 重新安装正版 Windows 系统。

(3) 无人机状态显示。

无人机连接成功后，可通过无人机指示灯实时监测无人机状态，不同指示灯状态下的无人机状态如表 6-1 所示。

表 6-1 不同指示灯状态下无人机状态对照表

指示灯状态	无人机状态	备　注
红灯快闪	无人机进入 IMU 校准	—
红灯慢闪	无人机校准完毕，进入等待定位	—
绿灯慢闪	无人机定位成功，等待解锁	起飞前通过 UAV 地面站解锁
绿灯快闪	无人机解锁成功，等待起飞	垂直起降无人机将怠速 5 s 后自动起飞

步骤三：飞行前检查。

点击地面站底部控制栏的"检查"选项，弹出"飞机安装检查"窗口，如图 6-22 所示。按列表顺序逐一进行检查并勾选，完成所有检查后点击"下一步"。

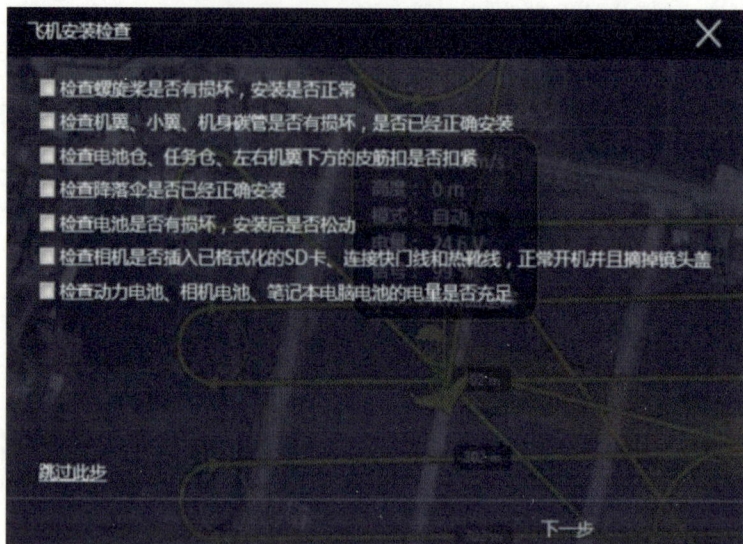

图 6-22　飞行前检查

步骤四：飞行实施。

(1) 降落点设置。

完成检查后，"检查"按钮中"检查"字样变为"设置降落点"，将无人机置于降落点后点击地面站底部控制栏的"设置降落点"，在弹出的窗口中点击"确定"即完成降落点设置，如图 6-23 所示。

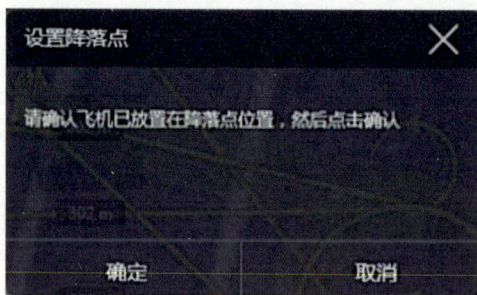

图 6-23　降落点设置

(2) 解锁。

完成"设置降落点"后，"设置降落点"按钮中"设置降落点"字样变为"解锁（起飞）"，通过地面站右侧"飞行"选项卡的飞行仪表显示或无人机的指示灯变化情况判断无人机的状态。当航灯状态为绿色慢闪或地面站飞行仪表显示"准备就绪，可以解锁"时，点击"解锁（起飞）"，按弹出的"警告"窗口检查无人机，检查完成后点击"确定"，地面站将弹出"任务信息预览"窗口，预览完成后点击"确定"即可，如图 6-24 所示。

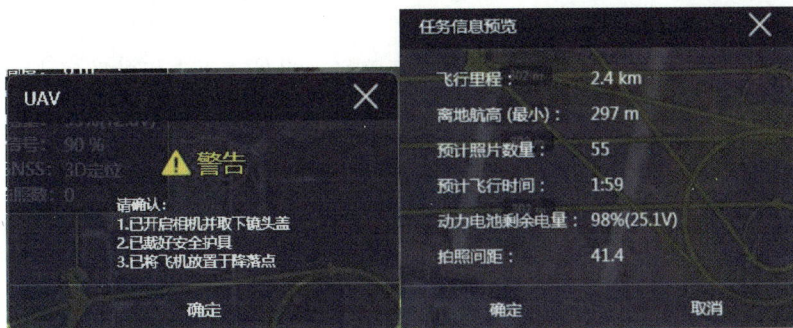

图 6-24　解锁前检查及任务信息预览界面

（3）起飞。

当航灯显示绿灯快闪或地面站飞行仪表区显示解锁成功时，垂直起降无人机将怠速 5 s
后自动起飞，无人机将垂直爬升至设置的起飞高度，保持当前航向并自动切换成固定翼模
式，再按原定起飞航线飞往起飞盘旋点。到达起飞盘旋点后，将默认盘旋爬升至任务高度，
再飞往任务航点 1。

步骤五：监视及控制。

（1）飞行监控。

如图 6-25 所示，通过地面站可实时监控无人机的飞行状态。地图区域无人机图标旁
的状态面板显示飞行空速、高度、模式、电量及信号等情况，无人机图标旁边的小箭头及
数值表示风向大小及方向。另外，可在右侧的"飞行"选项卡中查看更详细的飞行数据。

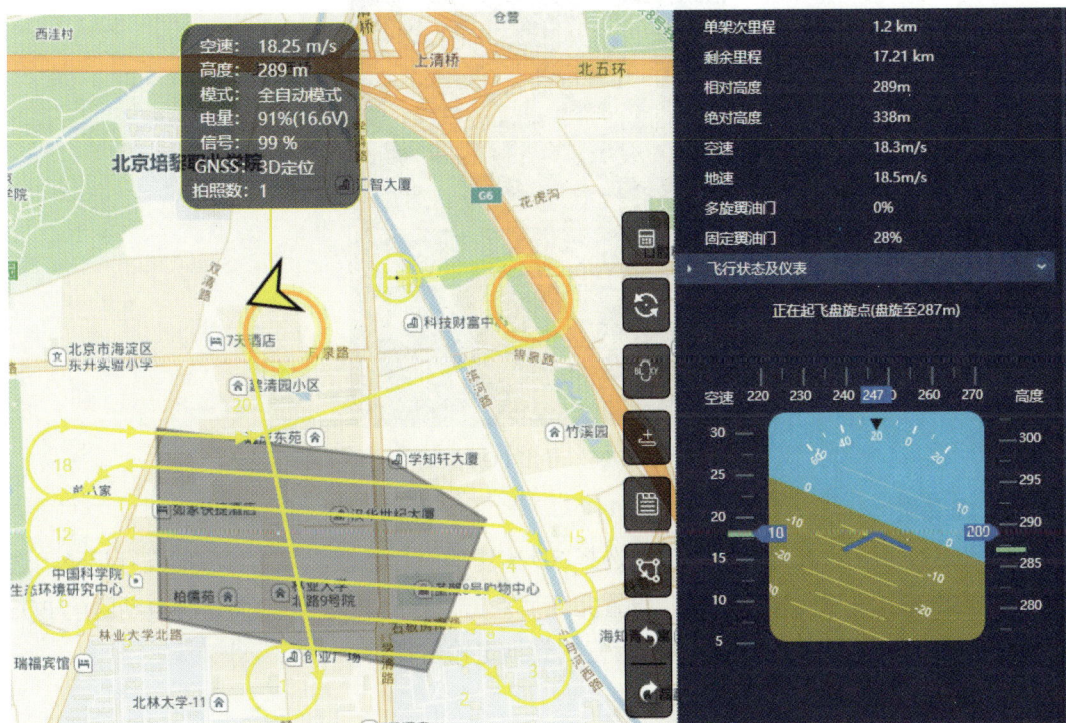

图 6-25　飞行状态监控界面

(2) 飞行控制。

在地面站地图区可直接拖动航点控制飞行路径。另外，无人机的路径点、航测点及飞行路径保存在无人机飞行控制系统内，若无人机与地面站失去联系，无人机将默认按原航测计划执行飞行任务。

步骤六：降落。

完成航测任务后，无人机将默认回到降落盘旋点并自动启动着陆程序，按照原设定的降落路径在降落点上方设定高度自动垂直降落，降落完成后，无人机将自动关闭并锁定电动机。

> **提示：**
>
> 无人机着陆期间操控员有责任确保无人机的飞行安全，因此必须保持监视无人机的飞行和降落，确保降落净空区域无障碍物。

步骤七：POS 数据及照片导出。

(1) 设备连接。

将相机 SD 卡通过读卡器插入电脑，通过数传连接线或 USB 接口线将电脑、飞控进行连接。点击"UAV"菜单栏中的"导出 POS 数据"选项，如图 6-26 所示。

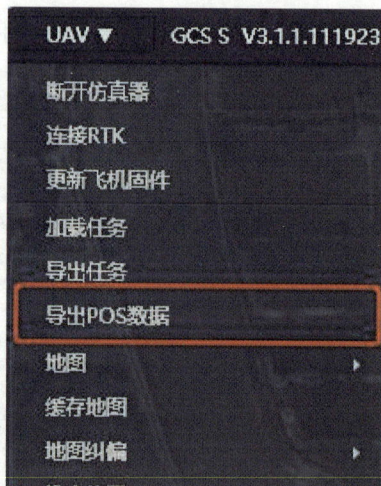

图 6-26　导出 POS 数据

(2) 成果输出。

如图 6-27 所示，在弹出的窗口中选择 SD 卡中的照片路径，勾选对应的飞行记录，选择 POS 输出格式并确定输出目录，设置完成后点击"导出 POS"，地面站将自动匹配 POS 记录及照片，并将有效图像数据更名后复制到指定输出目录。

(3) 成果检查。

检查输出的 POS 数据及照片的文件数量、日期是否正确。

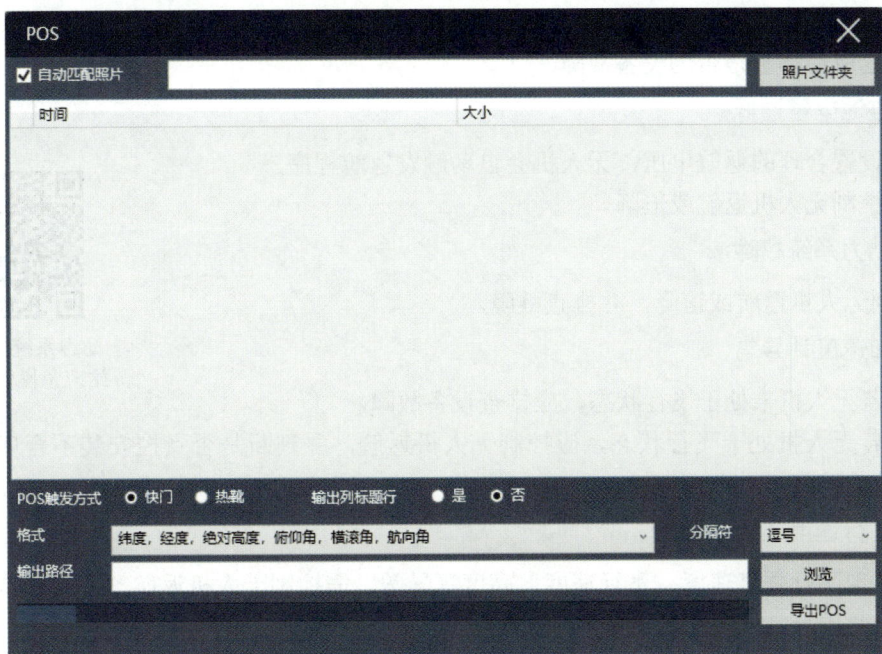

图 6-27　POS 数据及照片导出窗口

任务四　自主飞行应急操作

地面站自主飞行
应急操作

1. 磁罗盘失效或受到干扰

(1) 若无人机未起飞，可进行磁罗盘校准或更换到磁场干扰较小的飞行场地。

(2) 若飞行途中磁罗盘异常，有可能是飞行空域有磁干扰或磁罗盘设备故障，应立即控制无人机返航并排查故障。

2. GPS 失效或受到干扰

(1) 若无人机未起飞，可将无人机移动到 GPS 信号良好的区域 (避免高大建筑物等环境遮挡)；若 GPS 故障未解除，则继续排查 GPS 设备故障。

(2) 若飞行途中 GPS 异常，有可能是飞行空域有干扰或 GPS 设备故障，应立即控制无人机返航并排查故障。

3. 数据链断开

(1) 提前设置合理的断链返航时间，当数据链断开时无人机自动执行返航程序。

(2) 排除数据链是否受到环境遮挡、电磁环境干扰等外界因素。

(4) 返航后排查是否为设备故障。

4. 电池电量过低

(1) 设置合理的返航电压，无人机会自动触发返航程序。

(2) 控制无人机返航或迫降。

5. 动力系统故障

控制无人机返航或迫降，并排查故障。

6. 加速度计异常

(1) 若无人机未处于飞行状态，应排查设备故障。

(2) 若无人机处于飞行状态，应控制无人机返航，并判断是否飞控安装不合理，产生振动导致的异常。

动力系统故障地面
站应急操作（动画）

7. 飞行速度或高度异常

若出现飞行垂直速度、飞行速度、高度等异常，需控制无人机返航，并判断是飞行环境因素导致的异常还是传感器故障导致的异常。

◯ 技能演练

无人机地面站飞行操控技能操作要求如表 6-2 所示。

表 6-2　技能操作要求

操作内容	操作要求	通用要求
多旋翼无人机地面站 (DJI Pilot 2) 任务规划	1. 正确开启无人机和遥控器 2. 严格按照操作步骤创建和编辑航线并设置航线参数	严格按照要求操作流程进行操作，掌握自主飞行应急操作的方式方法
多旋翼无人机地面站 (DJI Pilot 2) 飞行任务执行	1. 参照"飞前检查"列表完成飞前检查 2. 上传航线并执行任务 3. 飞行过程中时刻观察无人机飞行状态 4. 飞行结束后正确关闭飞行设备	
垂直起降固定翼无人机地面站（极智 UAV GCS 地面站）任务规划	1. 设置航测区域和航测参数 2. 自动生成航点并导出任务	
垂直起降固定翼无人机地面站（极智 UAV GCS 地面站）飞行任务执行	1. 进行起降设置和无人机连接 2. 参考地面站飞行前检查界面进行飞行前检查 3. 执行飞行任务并通过地面站实时监控无人机的飞行状态	
生成和输出文件检查	1. 导出 POS 数据及照片 2. 检查 POS 数据及照片导出的数量、日期是否正确	

无人机地面站飞行操控实训记录表如表 6-3 所示。

表 6-3 实训记录表

无人机地面站飞行操控			
组号		指导教师	
姓名		学号	
组员	姓名：_____　　学号：_____ 姓名：_____　　学号：_____ 姓名：_____　　学号：_____		
实训目的	1. 能够掌握多旋翼无人机地面站任务规划和飞行任务执行的相关操作 2. 能够掌握垂直起降固定翼无人机地面站任务规划和飞行任务执行的相关操作 3. 锻炼较强的实践能力，全面提高综合素质 4. 了解专业发展和用人单位的需要，对个人未来职业发展进行科学、合理规划		
实训环境	室外飞行场地		
实训设备	经纬 M300 无人机 1 套、奋斗者垂起无人机 1 套（极智飞控）		
实训内容	1. 多旋翼无人机地面站任务规划与执行 2. 垂直起降固定翼无人机地面站任务规划与执行		
实训过程			
前期准备	1. 理论知识学习 2. 相关资料查阅 3. 设备、工具和材料准备		
实训步骤	1. 具体操作方法		

续表

实训步骤	2.实训过程中遇到的问题及解决方法	
	3.你将如何进一步提高自身的实训操作能力	
实训收获	1.通过这次实训你学到了哪些知识和技能	
	2.通过这次实训你对学习的理论知识有了哪些新的认识	

项目总结

　　本项目首先学习了地面站的相关功能，并在此基础上分别采用 DJI Pilot 2 地面站软件和极智 UAV GCS 地面站软件，对多旋翼无人机和垂直起降固定翼无人机任务规划和飞行任务执行的相关操作进行了讲解。最后，对无人机地面站自主飞行应急操作的方式方法进行了梳理和学习。学习过程中，重点掌握无人机地面站任务规划与执行的相关操作技能。

课后练习

　　1.无人机地面站系统结构包括哪些模块？
　　答：无人机地面站系统结构包括导航数据库、用户界面、地图导航、串口通信等模块。
　　2.无人机地面控制站软件的功能包括哪些？
　　答：无人机地面控制站软件的功能包括飞行监控、航线规划、任务回放、地图导航等。

3. 简述 DJI Pilot 2 航点飞行的两种规划方式。

答：航点飞行的规划方式包含地图选点和在线任务录制两种。地图选点可通过在地图界面中添加并编辑航点以生成航线。在线任务录制则通过在飞行过程中记录无人机打点位置、拍照等信息以自动生成航线。

4. 飞行状态监控通常需要对无人机的哪些参数进行查看？

答：飞行状态监控通常需要对无人机当前的垂直速度、飞行速度、高度、航向、电压等参数进行查看。

5. 若飞行途中 GPS 异常，原因有哪些？应该如何操作？

答：若飞行途中 GPS 异常，有可能是飞行空域有干扰或 GPS 设备故障，应立即控制无人机返航并排查故障。

○ 组织评价

教师对学生学习过程与学习结果进行评价，并将评价结果填入表 6-4。

表 6-4　教师综合评价表

姓名：	班级：		学号：	
学习任务				
学习过程				
评价项目	评价要求		分值	得分
资源素材搜集 学习状况	针对引导问题独立搜集相关资料，完成隐性素材资源的学习		10	
学习态度	态度端正、积极，无无故缺勤、迟到、早退现象		10	
团队意识	与小组成员、同学之间相互交流探讨		5	
职业素质	有耐心，细心，有较强的观察分析能力，有质量意识		10	
创新意识	结合任务内容，能发现问题并提出解决问题的思路		5	
学习结果				
评价项目	评价要求		分值	得分
知识能力	1. 了解无人机地面站的功能 2. 掌握无人机地面站自主飞行应急操作的方式方法		20	
实践技能	1. 能够采用 DJI Pilot 2 地面站软件对经纬 M300 多旋翼无人机进行地面站任务规划和飞行任务执行的相关操作 2. 能够采用极智 UAV GCS 地面站软件进行垂直起降固定翼无人机地面站任务规划和飞行任务执行的相关操作 3. 能够对生成和输出的成果文件进行检查		40	
合计				

项目七　无人机维修与保养

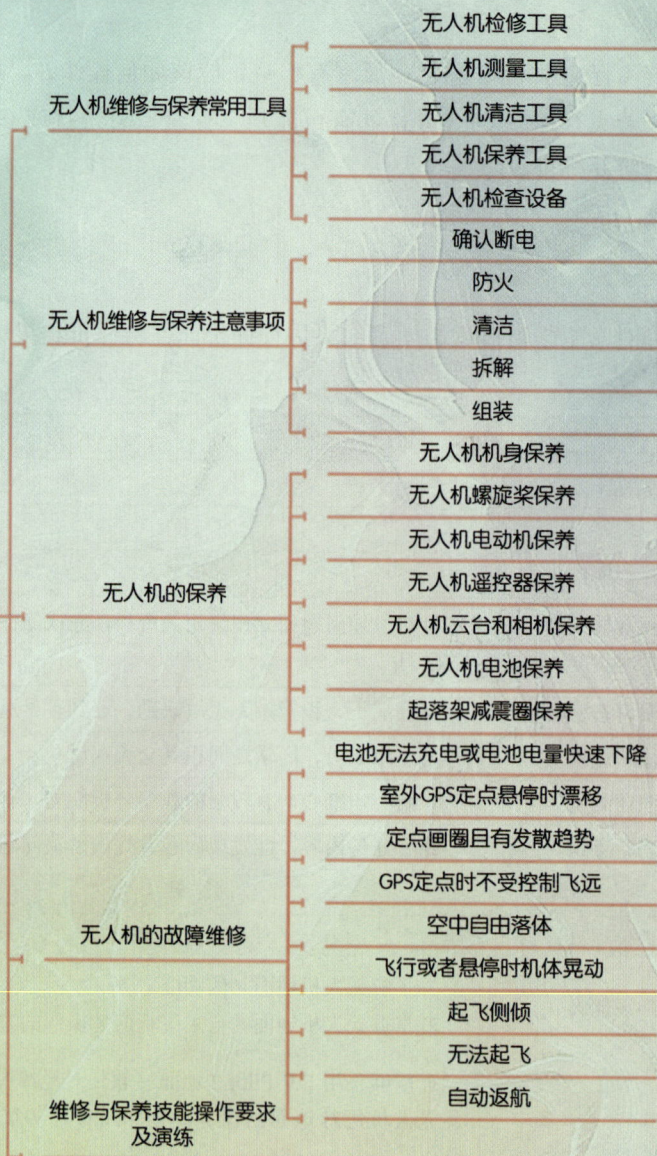

无人机维修与保养

├─ 无人机维修与保养常用工具
│　├─ 无人机检修工具
│　├─ 无人机测量工具
│　├─ 无人机清洁工具
│　├─ 无人机保养工具
│　└─ 无人机检查设备

├─ 无人机维修与保养注意事项
│　├─ 确认断电
│　├─ 防火
│　├─ 清洁
│　├─ 拆解
│　└─ 组装

├─ 无人机的保养
│　├─ 无人机机身保养
│　├─ 无人机螺旋桨保养
│　├─ 无人机电动机保养
│　├─ 无人机遥控器保养
│　├─ 无人机云台和相机保养
│　├─ 无人机电池保养
│　└─ 起落架减震圈保养

├─ 无人机的故障维修
│　├─ 电池无法充电或电池电量快速下降
│　├─ 室外GPS定点悬停时漂移
│　├─ 定点画圈且有发散趋势
│　├─ GPS定点时不受控制飞远
│　├─ 空中自由落体
│　└─ 飞行或者悬停时机体晃动

└─ 维修与保养技能操作要求及演练
　　├─ 起飞侧倾
　　├─ 无法起飞
　　└─ 自动返航

随着无人机产业的发展，无人机的保有量迅速增多，无人机的维修与保养工作也随之增加，在整个无人机应用的作业流程中，该环节的重要性不容忽视，无人机维修与保养是保证无人机安全、稳定、高效运行的必要措施。掌握无人机的维修与保养，可以增强学生爱护无人机设备的意识，保证设备在整个工作流程中具有良好的工作状态。

学习目标

(1) 掌握无人机维修与保养的常用工具种类及功能；
(2) 掌握无人机的维修与保养的注意事项及相关技巧；
(3) 能够规范使用常见的保养工具完成无人机的保养工作；
(4) 能够规范使用常见的维修工具进行无人机的常见故障处理。

思政要点

安全是人民幸福和社会发展的重要基础，在无人机维修和保养过程中应当始终关注安全隐患，及时发现并采取措施加以消除。无人机的维修和保养作为无人机飞行安全的重要一环，需要遵守相关要求和操作标准，做好现场环境安全保障工作。在本项目的学习过程中，安全意识学习需要常态化，提高安全意识，掌握必要的安全技能，并能在实际操作中正确应对安全事故，保障自身的生命财产安全，为无人机行业健康发展提供有力的保障。

知识教学

任务一　无人机维修与保养常用工具

无人机检修工具

无人机维修与保养工具是指用于维护无人机的各种工具和设备，为了避免损伤零部件，需正确对相关工具进行选择和使用。常见的无人机维修与保养工具包括以下几类。

1. 无人机检修工具

无人机检修工具包括扳手、剪刀、螺丝刀、电钻、电烙铁、温度计、橡胶垫、铁锤、钳子、镊子等。

1) 扳手

如图 7-1 所示，扳手是无人机维修与保养中使用频率较高的工具之一。在无人机维修与保养中，扳手能起到旋拧螺丝、螺母和接头等固定件的作用。当更换、检修无人机机体、螺旋桨、电动机和传动系统等部件时，扳手可以用来拆卸旧部件，安装新部件。

2) 剪刀

如图 7-2 所示，在进行无人机维修与保养时，剪刀主要用于修剪线缆、线束和塑料件等部件，特别是在进行线缆、线束的调整时，剪刀是必不可少的工具。需要注意的是，在使用剪刀时一定要小心谨慎，避免对无人机及其配件造成不必要的损坏。

3) 螺丝刀

如图 7-3 所示，对于无人机维修人员来说，螺丝刀是必需的工具之一，用途非常广泛，使用频率很高，主要用于拆卸和装配无人机各部件，调整螺旋桨角度，固定和拧紧各种螺丝等。

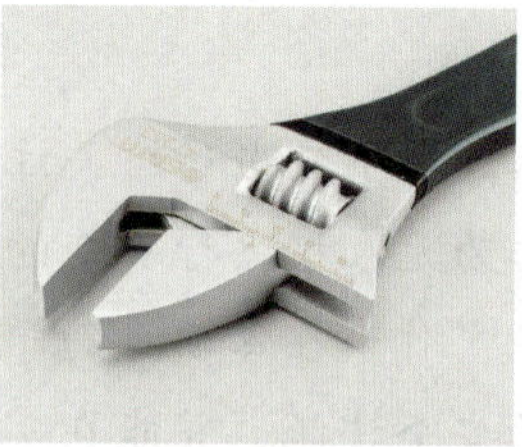

图 7-1 扳手 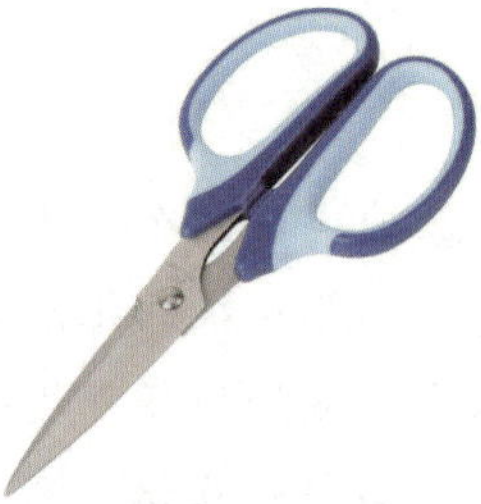   图 7-2 剪刀    图 7-3 螺丝刀

4) 电钻

如图 7-4 所示，电钻在无人机维修中主要用于无人机机身及其他部位进行改装或者添加器材时需要钻孔、扩孔、插孔和引孔等场合，使维修工作更加快速、轻松、高效、精准。

5) 电烙铁

如图 7-5 所示，在无人机维修过程中经常需要对无人机电路板上的电子元件或电缆进行连接或修理，电烙铁主要用于电子元件的加热、焊接、熔融等工作。此外，电烙铁还可以用来修补无人机外壳、连接不同类型的金属部件，甚至可以进行 3D 打印部件的加热处理，功能十分多样。综上所述，电烙铁在无人机维修中发挥着至关重要的作用，是必不可少的工具之一。

图 7-4 电钻 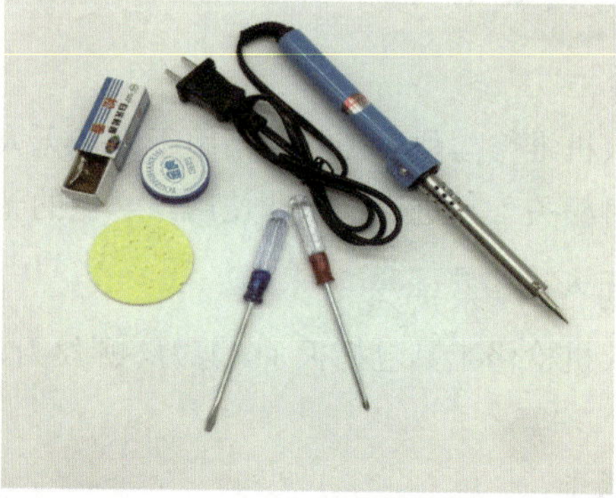   图 7-5 电烙铁

6) 温度计

如图 7-6 所示，在无人机维修中，温度的控制和监测非常重要。使用温度计可以帮助维修人员时刻监测无人机各个部位的温度，确保其温度在安全范围内。另外，温度计还用于检测和调节无人机维修过程中各种焊接和连接工具的温度，减少因加热温度过高而导致的焊接不良或部件损坏等风险。

7) 橡胶垫

如图 7-7 所示，橡胶垫是无人机检修时使用的一种辅助工具，在无人机检修中发挥着重要的作用，可以保障无人机的安全性和维修效果，起到保护无人机表身、防止检修部件滑动或倾斜，以及使无人机不受高温影响等作用。但需要注意的是，应尽量避免橡胶垫在使用过程中对无人机部件造成压力或损坏，以免影响维修效果或影响无人机的安全性。

8) 铁锤

如图 7-8 所示，铁锤在无人机检修中的用途主要有部件拆卸和安装、构筑和调整缺口、确认关键部件的坚固和可靠等，是无人机检修工具中比较实用的工具之一。在维修无人机的过程中，正确使用铁锤能提高工作效率，保障无人机维修工作的质量和速度。

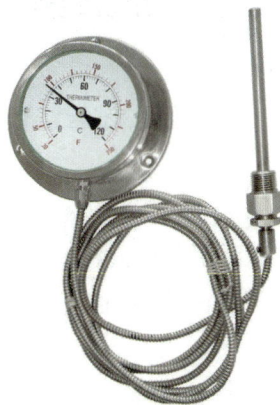

图 7-6　温度计　　　　　　图 7-7　橡胶垫　　　　　　图 7-8　铁锤

9) 钳子

如图 7-9 所示，在无人机检修中，钳子的用途非常广泛，常用于拆卸和安装小型零件、切割线缆，清理灰尘和污垢等。不过应当注意，钳子的不当使用可能会引起部件损坏，从而影响无人机的安全性和使用寿命。

10) 镊子

如图 7-10 所示，镊子在无人机检修中是一种比较精密的工具，可以帮助维修人员进行各种精细的操作。在使用镊子时，需要特别小心谨慎，以免损伤无人机零件及可能发生的其他安全问题。

图 7-9　钳子

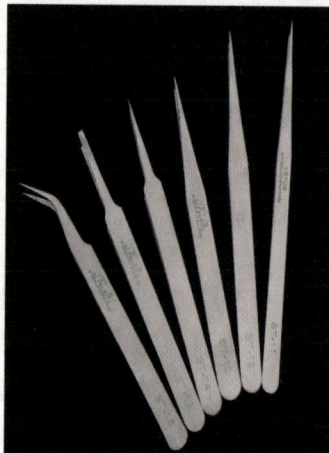

图 7-10　镊子

2. 无人机测量工具

无人机测量工具包括数字万用表、热像仪、气体检测仪和声学测试仪等。

无人机测量工具

1) 数字万用表

如图 7-11 所示，数字万用表是一种用来测量电流、电压、电阻等电学测量的工具，也是一种常用的无人机测量工具。在无人机检修和维护中，数字万用表在测量电压、电流和电阻，确认电池性能，检测电动机电阻，确认线路连通性等工作中发挥着重要作用。

2) 热像仪

如图 7-12 所示，热像仪是一种测量物体表面温度的工具，被广泛用于无人机检修和维护。无人机电子元件长时间工作可能会导致过热，使用热像仪可以帮助检测和定位这些电子元件，帮助维修人员及时定位发热源头并进行修复。

图 7-11　数字万用表

图 7-12　热像仪

3) 气体检测仪

如图 7-13 所示,气体检测仪是一种检测环境中各种气体浓度的仪器,广泛应用于机械、化工等行业。在无人机维修中,气体检测仪可以帮助工作人员检测空气中的有毒气体和化学成分,保护无人机维修人员的健康和安全,同时维护无人机和设备的完好性。

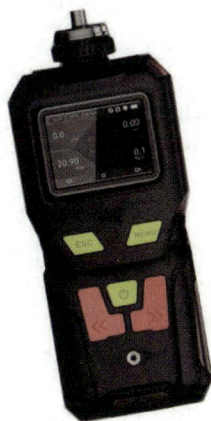

图 7-13　气体检测仪

4) 声学测试仪

如图 7-14 所示,声学测试仪是一种用于检测声音的仪器,可以分析声音的频率、振幅、压力等参数,并对噪声来源进行定位。在无人机维修中,声学测试仪可以帮助工作人员检测无人机的电动机噪声问题和飞行噪声,并提供有价值的数据和建议,以确保无人机维修保养的顺利进行,使无人机保持高水平的运行效率和稳定性。

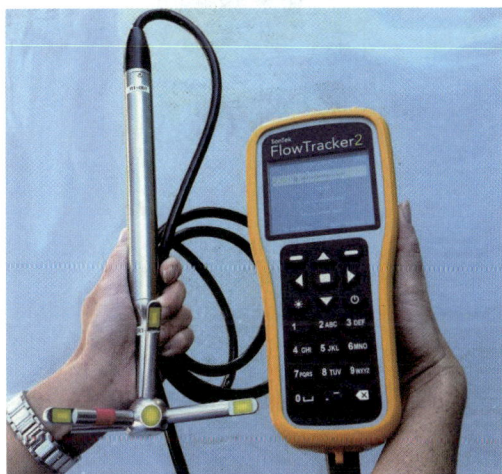

图 7-14　声学测试仪

3. 无人机清洁工具

无人机清洁工具包括清洁刷、罐装压缩空气、高压水枪、喷雾器、异丙醇、超细纤维布和纸巾等。

无人机清洁工具

1) 清洁刷

如图 7-15 所示，清洁刷是一种高效的无人机清洁工具，适合清洁无人机表面及其角落和其他复杂的区域，帮助清洁人员进行无人机的清洁，并确保无人机外观完好，提高无人机运行的安全性和效率。

图 7-15　清洁刷

2) 罐装压缩空气

如图 7-16 所示，罐装压缩空气是一种便携式的清洁工具，它可以有效地清洁无人机表面，能在较短时间内去除尘垢和杂质，以达到清洁无人机的效果。同时，使用罐装压缩空气可以避免损伤无人机，提高工作效率和工作质量。

图 7-16　罐装压缩空气

3) 高压水枪

如图 7-17 所示，高压水枪可以用于喷射清洗无人机的表面，去除灰尘、沙土、油污等污垢，使无人机保持干净整洁，从而延长无人机的使用寿命并提高其安全性和可靠性。需要注意的是，使用高压水枪必须具备相关技能和经验，否则存在一定的安全隐患。

图 7-17 高压水枪

4) 喷雾器

如图 7-18 所示，喷雾器可以通过喷雾的形式将雾化液体均匀地喷洒到无人机表面。与传统的清洁方法相比，使用喷雾器可以更加快速、高效地完成清洁工作，并且达到良好的清洁效果。使用喷雾器的过程中需佩戴防护眼镜、手套等防护装备，避免液体喷溅伤害眼睛和皮肤。

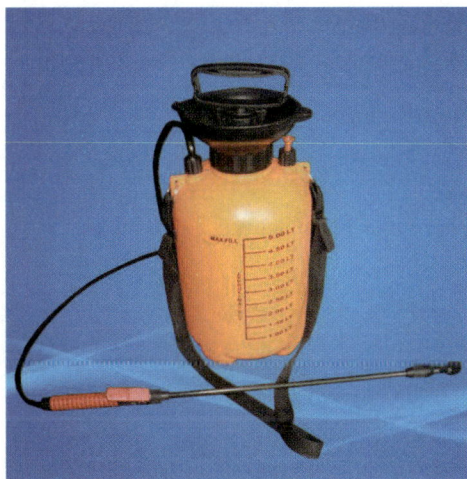

图 7-18 喷雾器

5) 异丙醇

如图 7-19 所示，异丙醇是一种常用的有机化合物，可以用作无人机清洁工具。异丙醇的优点在于它不会损伤金属表面，对塑料、橡胶等材料也具有较好的兼容性。同时，异丙醇的挥发性很高，可以很快蒸发干净，不会在无人机表面留下任何残留物。因此，异丙醇被广泛用于清洁无人机内外壳和机身表面。需要注意的是，异丙醇是易燃液体，使用时需要注意安全，远离火源和静电。同时，异丙醇具有一定的毒性，清洁人员需要佩戴适当的防护用品，以避免接触或吸入异丙醇。

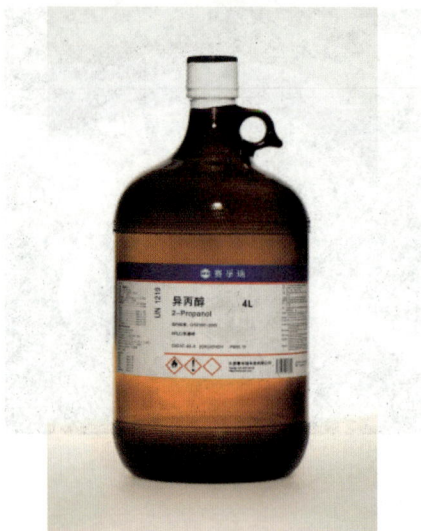

图 7-19   异丙醇

6) 超细纤维布

如图 7-20 所示，无人机外表的擦拭工作一般需要用到超细纤维布，可以配合异丙醇使用，达到更好的清洁效果。与传统的清洗布相比，超细纤维布的纤维细度更细，表面积更大，可以更好地吸附灰尘、油污等杂质，达到更好的清洁效果。此外，由于超细纤维布的纤维较细，不会在无人机表面留下残留物或者产生绒球，可以避免对机体表面产生刮擦或划痕，保持机体的整体外观和性能。

图 7-20   超细纤维布

7) 纸巾

如图 7-21 所示，纸巾主要是用于无人机的外壳、机身、螺旋桨等部位的清洁。纸巾通常具有去污、抗静电等多种功能，能够有效地清除无人机表面的灰尘、油污和指纹等，使其保持良好的外观和性能。

图 7-21　纸巾

4. 无人机保养工具

常用的无人机保养工具包括润滑剂、电路板清洗剂、WD-40 等。

无人机保养工具

1) 润滑剂

如图 7-22 所示，润滑剂能够减少机械零件之间的磨损，保护无人机内部的金属零件免受潮气、盐雾、酸雨等腐蚀性环境的侵蚀，使无人机的机械零件运转更加顺畅，降低无人机机械零件间的噪声，使无人机能够保持良好的工作状态，进而延长无人机的使用寿命。

图 7-22　润滑剂

2) 电路板清洗剂

如图 7-23 所示，电路板清洗剂是无人机保养中必不可少的一部分，无人机内部的电路板容易受到灰尘、油污、水蒸气、汗水等腐蚀性物质的影响，导致电路板损坏，而电路板清洗剂能有效地清除脏污物质，避免电路故障造成损坏，有效地增加无人机的使用寿命。

图 7-23　电路板清洗剂

3) WD-40

如图 7-24 所示，WD-40 是一种多功能的保养剂，在无人机保养中可以用于润滑无人机的螺旋桨、摆臂、滑轨和链条等部件，降低机械零件之间的磨损，还可以对无人机的金属部件进行保护，防止腐蚀和氧化。此外，WD-40 还可以用于清洁和去除无人机表面的灰尘、油污和污垢等，使其保持干净整洁。

图 7-24　WD-40 多功能的保养剂

5. 无人机检查设备

无人机检查设备包括故障诊断仪、设备校准仪和数字视频测量仪等。

1) 故障诊断仪

无人机检查设备

如图 7-25 所示，故障诊断仪用于检测和诊断无人机的电子、电气、机械以及各种航空设备的故障，并快速、准确地确定修复措施，提高维修效率和准确性。同时，该仪器还可以记录无人机的维修历史，为无人机的长期使用提供有价值的数据和建议。

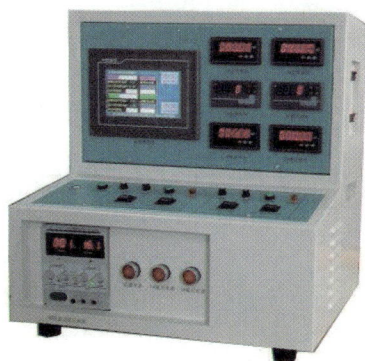

图 7-25　故障诊断仪

2) 设备校准仪

如图 7-26 所示，设备校准仪是一种用于校准各种设备和仪器测量误差的工具，在无人机维修过程中起着非常重要的作用，可以帮助工作人员校准各种传感器设备、数据记录设备、无人机控制设备和附属设备，提高维修工作的效率和准确性。

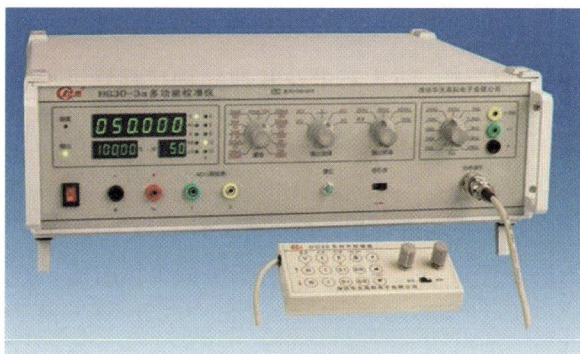

图 7-26　设备校准仪

3) 数字视频测量仪

如图 7-27 所示，数字视频测量仪是一种通过数字图像处理技术测量和检测物体尺寸和形状的仪器。在无人机维修中，数字视频测量仪可以检测无人机零部件的尺寸和形状误差，并生成数字模型，帮助工作人员更好地了解无人机结构，优化维修流程。

图 7-27　数字视频测量仪

任务二　无人机维修与保养注意事项

无人机维修与保养需要注意如下事项。

1. 确认断电

确认无人机上所有设备都已断电或将发动机关闭。

2. 防火

无人机维护环境应远离火源，周围无可燃物或其他杂物，并配备灭火设备。

3. 清洁

维护前应对无人机进行清洁，防止灰尘及其他异物在维修过程中进入电气系统或控制系统，造成设备损坏或线路短路等故障。

4. 拆解

拆解时，检查所拆解的零件是否有损伤或异常，并将拆解的零件按所属部件分开存放，防止零件丢失。拆解后的零件可用无水乙醇或有机溶剂擦拭清洁。

5. 组装

组装前确认零件完好且数量正确，并严格按照装配要求组装无人机。在多人配合进行组装作业时，工作人员应保持密切联系。

任务三　无人机的保养

无人机的保养内容包括机身、螺旋桨、电动机、遥控器、云台和相机、电池、起落架减震圈等重要部件。

1. 无人机机身保养

无人机机身保养有助于延长无人机寿命、提高无人机性能、保障无

人机安全、降低维修成本，无人机机身保养应保持定期性、专业性和及时性，最大程度地发挥无人机的使用效益。如果保养不及时，则会对无人机飞行造成阻力，从而降低飞行性能，甚至可能会对电子元器件造成损坏，使无人机出现故障并降低无人机的使用寿命。如图 7-28 所示为维护人员正在对无人机机身进行保养操作。

图 7-28　无人机机身保养

机身检查保养技巧具体包括以下几个方面：

(1) 检查无人机机身螺丝是否出现松动，机身结构和机臂是否出现裂痕或破损。

(2) 检查减震球外层是否有变硬或者开裂等老化现象。

(3) 检查 GPS 上方以及每个起落架的天线位置是否贴有影响信号的物体。

(4) 无人机机身通常配有散热孔，这些孔洞容易受腐蚀，必须定期进行保养和清洁。

(5) 雨水或沙尘等是无人机最主要的腐蚀因素，容易侵入无人机内部，对其造成严重损害，尽量避免在沙土或者碎石等存在小颗粒的环境下起飞。如图 7-29 所示，无人机遇到水、沙尘等恶劣天气，飞行环境不佳。

图 7-29　无人机遇水、沙尘

(6) 不建议在雨雪天或者雾气较大的天气使用无人机，防止造成无人机的机身、电动机和电子设备受潮损坏。

2. 无人机螺旋桨保养

螺旋桨是无人机中耗能较为显著的零部件之一，视觉误差或操纵不当可能会造成无人机与障碍物碰撞，进而导致螺旋桨出现裂痕或缺口等

无人机螺旋桨保养

问题。若出现严重的损伤，则必须及时更换新的螺旋桨。因而无人机螺旋桨需要特别注重保养，尤其是对于初学者来说，其损耗更加严重，需要重点关注，如图 7-30 所示为操作人员正在进行无人机螺旋桨的保养。

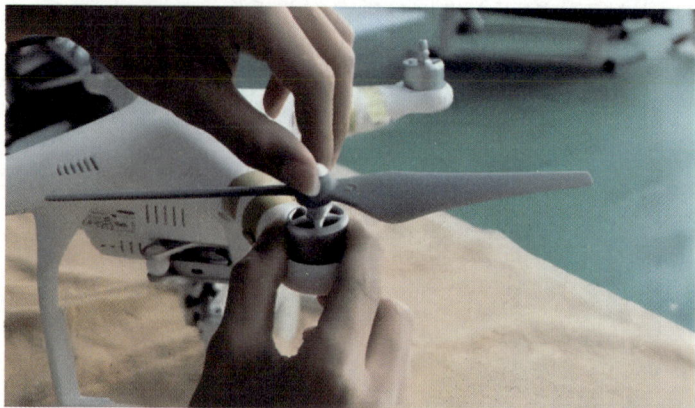

图 7-30　无人机螺旋桨保养

螺旋桨检查保养技巧具体包括以下几个方面：

(1) 检查螺旋桨叶片是否有裂痕、断裂、变形、松动等情况，如果有，应及时修复或更换。

(2) 检查螺旋桨叶片是否有异物卡在上面，如果有，应及时清理。

(3) 检查螺旋桨固定螺母是否紧固，如果有松动情况，应及时调整。

(4) 检查螺旋桨旋转时是否有异响，如果有，应进行进一步的检查。

(5) 可折叠桨的折叠定位部分中的钢珠若沾水或长时间暴露在湿度较高的空气中会生锈，建议每月进行一次保养。

3. 无人机电动机保养

如图 7-31 所示，无人机电动机是无人机的核心部件之一，长期使用必然会出现磨损和老化现象。因此，无人机电动机保养十分必要，定期进行电动机保养可以保证无人机的稳定运行，提升无人机的性能和续航能力，保障飞行安全。

无人机电动机保养

图 7-31　无人机电动机

电动机检查保养技巧具体包括以下几个方面：

(1) 及时清除电动机机座外部的灰尘、淤泥。若使用环境灰尘较多，最好每次飞行之后清理一次。

(2) 检查和清理电动机接线处。检查接线盒中接线螺丝是否松动。

(3) 检查各固定部分螺丝，将松动的螺母拧紧。

(4) 检查电动机转动是否合格。用手转动转轴检查是否灵活，有无不正常的摩擦、卡阻、窜轴和异常响声，同时检查电动机上各部件是否完备。

(5) 通电后发现某个电动机不转或者转速很低，或有异常响声，应立即断电。若通电时间较长，极有可能烧毁电动机，甚至损坏控制电路。

(6) 为保持轴承良好的润滑性，需每隔一个月在电动机轴承缝隙处滴入 1～2 滴润滑油，防止轴承生锈。

4. 无人机遥控器保养

如图 7-32 所示，无人机遥控器是无人机飞行的关键部件，负责控制无人机的姿态、飞行方向和速度等。无人机遥控器的基本装置包括开关键、遥控天线、摇杆等。设计人员会根据无人机的具体应用和功

无人机遥控器保养

能而设计不同的按键，但是其基本结构大致相同。为了确保无人机的安全飞行、延长遥控器的使用寿命，提高无人机操控体验，需要对遥控器进行保养，使其随时保持最佳工作状态。

图 7-32　无人机遥控器

遥控器检查保养技巧具体包括以下几个方面：

(1) 不要在潮湿、高温的环境下使用或放置遥控器。

(2) 避免让遥控器受到强烈的震动或从高处跌落，以免影响内部构件的精度。

(3) 检查遥控器天线是否有损伤、遥控器挂带是否牢固以及与无人机连接是否正常。

5. 无人机云台和相机保养

云台是无人机安装、固定和控制相机运动的设备，如图 7-33 所示。通常无人机云台都具有 3 个自由度，即绕 X、Y、Z 轴的旋转。每个轴心都装有电动机，当无人机倾斜时，会配合陀螺仪给相应的云台电动机施加反方向的动力，防止相机跟随无人机倾斜，从而避免相机抖动。如果无人机的云台和相机出现故障，就会导致航拍异常。所以，日常的保养就显得十分必要。

无人机云台和相机保养

图 7-33　无人机云台和相机

云台和相机检查保养技巧具体包括以下几个方面：

(1) 使用一段时间后，检查排线是否正常连接。

(2) 金属接触点是否氧化或者污损 (可用橡皮擦清洁)、云台快拆部分是否松动、风扇噪音是否正常。

(3) 要注意不要用手直接触摸相机镜片，其被污损后可用镜头清洁剂擦拭。

(4) 系统通电之后，检查云台电动机运转是否正常。

6. 无人机电池保养

如图 7-34 所示，电池是无人机的动力之源，是无人机正常运转的关键。无人机电池

无人机电池保养

图 7-34　无人机电池

的寿命和性能，直接影响到无人机的使用周期和安全。如果电池保养不当，易导致电池的损坏和性能下降，甚至会引起电池短路、发热、着火等危险情况，给使用者带来不必要的损失和风险。因此，定期对无人机电池进行检查保养，可以延长电池的使用寿命，提高电池的性能，减少电池发生意外事故的概率，保障无人机的安全运行。

电池检查保养技巧具体包括以下几个方面：

(1) 检查电池外观是否有鼓包现象，如果无人机的电池出现鼓包情况要立即停止使用。

(2) 若长达 3 个月未使用电池或电池已经过约 30 次充放电，那么该电池需进行一次完整的充电和放电过程再保存。

(3) 无人机电池在高温或极寒环境下易受损，应把电池放在阴凉且干燥的地方保存，切勿将电池存放于低于 −10℃ 或高于 45℃ 的场所。

(4) 进行电池充电和放电时要按照说明书的要求进行操作，避免过度充电或过度放电对电池寿命造成损害。

(5) 刚使用完的锂电池会有余温，必须等无人机锂电池冷却后再进行充电，否则会影响电池性能和寿命。

(6) 定期对电池终端和接口进行清洁，确保电池与无人机之间的连接良好。

(7) 使用时注意不要暴力拆卸电池或用力碰撞电池等。

7. 起落架减震圈保养

无人机起落架减震圈是一种重要的零部件，它能有效减少无人机降落时的冲击力和震动，保护机身和其他设备不受损坏。因此，定期维护和保养无人机起落架减震圈是极其必要的。

无人机起落架
减震圈保养

起落架减震圈检查保养技巧具体包括以下几个方面：

(1) 起落架减震圈应定期清洁，以除去积尘或杂质，保持表面清洁。清洁时应使用柔软的刷子或干净的布，以避免对减震圈造成损伤。

(2) 起落架减震圈清洁应使用专门的清洗剂，避免使用酸碱性强的清洗剂、砂纸或其他科技产品等。

(3) 起落架减震圈应涂抹一层防腐剂，以保护其在气候和天气变化中的表现和性能。

(4) 发现减震圈涂层发生老化脱落时，应及时涂抹保养剂，以延长材料使用寿命。

(5) 在选择涂层保养剂时，应根据无人机的作业条件、气候环境来选购，以确保效果。

(6) 起落架减震圈表面应定期进行检查，对磨损或撕裂的部位，必须及时更换以保证其正常运作。

(7) 起落架减震圈应储存在干燥、温度适宜的地方，注意防潮和防晒。

(8) 迟滞是减震圈在受力时发生的一种现象，会导致减震性能大幅下降。若发现此类问题，应及时进行维修或更换。

任务四　无人机的故障维修

无人机的故障维修

　　无人机故障会严重威胁到人员和无人机的安全，当发生无人机故障时，首先应根据故障类型进行分析，确定故障原因并进行逐步排除。对于一些需要专业技能或经验维修的故障，建议寻求专业维修帮助或向制造商和经销商咨询。无人机的常见故障主要包括以下几类。

1. 电池无法充电或电池电量快速下降

故障原因：

(1) 电池损坏或老化。

(2) 充电器和电池充电口存在污垢。

(3) 充电器不符合要求或使用了错误的电源适配器。

处理方法：

(1) 若电池损坏或老化，则需更换新电池。

(2) 检查充电器和电池充电口，对存在的污垢进行清理。

(3) 确保充电器符合要求，并使用正确的电源适配器进行充电。

室外 GPS 定点
悬停时漂移故
障处理（动画）

2. 室外 GPS 定点悬停时飘移

故障原因：

(1) 无人机在高楼或密集树林等 GPS 信号遮挡的环境下，GPS 信号较差。

(2) GPS 元器件本身故障或硬件和算法优化较差。

(3) 传感器存在问题，导致 GPS 定点悬停时发生漂移。

处理方法：

(1) 避免在高楼或密集树林等 GPS 信号遮挡的场所飞行。

(2) 尝试更换 GPS 天线以解决 GPS 元器件本身的问题。

(3) 进行传感器校准，检查传感器是否有损坏，并更换有问题的部件。

3. 定点画圈且有发散趋势

故障原因：

(1) 指南针受到外部干扰。

(2) 环境问题导致多次校准后指南针数值仍超出正常值。

(3) 指南针硬件故障导致在任何区域指南针数据都异常。

处理方法：

(1) 校准指南针解决。

(2) 检查环境问题，避免在干扰大的区域飞行。

(3) 维修或更换指南针硬件。

4. GPS 定点时不受控制飞远

故障原因：

(1) 遥控器无法正常操控无人机。

(2) 遥控器与无人机配对失败。

(3) 指南针受到严重干扰，导致无人机无法辨别自己的方位，完全不受控制飞远。

处理方法：

(1) 尝试重新配对遥控器与无人机。

(2) 尝试使用手持设备上的 App 或地面控制站进行遥控控制。

(3) 立即切换到姿态模式或定高模式，掌握无人机控制权，将无人机飞回并安全降落。

(4) 对无人机的指南针进行校准，并排查指南针是否存在故障。

5. 空中自由落体

故障原因：

(1) 无人机电池电量不足或电池故障。

(2) 无人机失去与遥控器或地面控制站的信号连接。

处理方法：

(1) 若为电池电量不足或电池故障，应立即将无人机降落并更换电池。

(2) 若无人机失去信号，尝试重新与遥控器或地面控制站建立连接。如果无法重新连接，应立即启动自动返航功能或其他应急措施，以确保无人机能够安全降落。

6. 飞行或者悬停时机体晃动

故障原因：

(1) 无人机姿态传感器异常。

(2) 无人机螺旋桨损坏或变形。

(3) 无人机飞控板故障。

(4) 无人机电动机、速控等控制器不正常。

(5) 空气湍流导致无人机抖动。

飞行或悬停时
机体晃动故障
处理（动画）

起飞侧倾故障
维修（动画）

处理方法：

(1) 确定无人机姿态，若水平飞行时机体抖动，则检查并更换姿态传感器。

(2) 检查无人机螺旋桨，如有损坏或变形，则更换新的螺旋桨。

(3) 检查无人机飞控板，如有问题，则更换新的飞控板。

(4) 调整电动机速度及控制器参数。

(5) 使用无人机自带的 PID 参数进行飞行控制，并调整飞行高度和速度以减少影响。

7. 起飞侧倾

故障原因：

(1) 无人机的飞行平衡控制系统故障。

(2) 螺旋桨损坏或者变形。

(3) 飞行方向不稳定。

(4) 重心位置不稳定或移动。

处理方法：

(1) 飞行控制器异常或传感器失灵，需要进行维修或更换。

(2) 及时更换或修复受到损坏或变形的螺旋桨。

(3) 调整无人机的姿态参数，提高无人机的飞行稳定性。

(4) 重新分配装载的重量。

8. 无法起飞，即使油门推满也无法离地

故障原因：

(1) 电池电量不足。

(2) 起飞重量超过了无人机的额定起飞重量。

(3) 无人机的螺旋桨损坏或者变形。

(4) 无人机的电动机故障。

处理方法：

(1) 尝试更换满电电池。

(2) 减少无人机的装载重量，确保不超过其额定起飞重量。

(3) 更换或修复损坏或变形的螺旋桨。

(4) 修复或更换电动机。

9. 自动返航

故障原因：

(1) 电池电量过低，触发了低电返航设置。

(2) 环境因素导致无人机和遥控器之间信号传输断开，如信号丢失。

处理方法：

(1) 检查电池电量，若电量过低，则及时更换电池或充电。

(2) 若电池电量充足，则检查环境因素是否影响信号传输，尝试重启遥控器并重新连接无人机进行操作。

技能演练

无人机维修保养技能操作要求如表 7-1 所示。

表 7-1　技能操作要求

操作内容	操作要求	通用要求
无人机保养	1. 能够规范使用常见的无人机保养工具 2. 严格按照相关规范进行无人机机身、螺旋桨、电动机、遥控器、云台和相机、电池及起落架减震圈的保养工作	了解无人机维修与保养的相关注意事项，作业过程中无危险动作，确保人员和设备安全
无人机的故障维修	1. 能够规范使用常见的无人机维修工具 2. 能够正确对无人机故障类型进行分析，分析故障原因并进行逐步排除	

无人机维修保养实训记录表如表 7-2 所示。

表7-2　实训记录表

无人机维修与保养			
组号		指导教师	
姓名		学号	
组员	姓名：＿＿＿＿＿＿＿＿　　学号：＿＿＿＿＿＿＿＿		
	姓名：＿＿＿＿＿＿＿＿　　学号：＿＿＿＿＿＿＿＿		
	姓名：＿＿＿＿＿＿＿＿　　学号：＿＿＿＿＿＿＿＿		
实训目的	1. 能够掌握无人机维修与保养的基本技能 2. 培养乐于助人的服务意识，塑造积极向上的人生观和价值观 3. 认识到专业知识技能的重要性，为将来在工作岗位上长远发展做好知识储备		
实训环境	无人机实训室		
实训设备	经纬M300无人机1套、冲浪者X8固定翼1套、奋斗者垂起无人机1套(极智飞控)、亚拓450L直升机1套、无人机保养工具1套、无人机维修工具1套		
实训内容	1. 无人机机身、螺旋桨、电动机、遥控器、云台和相机、电池及起落架减震圈的保养 2. 无人机常见故障类型分析及故障排除		
实训过程			
前期准备	1. 理论知识学习		
	2. 相关资料查阅		
	3. 设备、工具和材料准备		
实训步骤	1. 具体操作方法		
	2. 实训过程中遇到的问题及解决方法		
	3. 你将如何进一步提高自身的实训操作能力		

续表

实训过程	
实训收获	1. 通过这次实训学到了哪些知识和技能
	2. 通过这次实训你对学习的理论知识有了哪些新的认识

◯ 项目总结

　　本项目主要学习了无人机维修与保养的相关知识和操作技能，培养学生无人机维修与保养的能力。在学习过程中，需重点掌握无人机设备保养以及常见故障处理部分的内容，并能够举一反三，将其灵活应用于学习和实践中，不断提高自身技能。同时，希望同学们能够积极思考任务实施过程中存在的问题，并努力寻求解决办法，避免此类问题再次发生。

◯ 课后练习

　　1. 无人机维修与保养常用工具包括哪几类？
　　答：无人机维修与保养工具是指用于维护无人机的各种工具和设备，为了避免损伤零部件，需正确对相关工具进行选择和使用。常见的无人机维修与保养工具包括无人机检修工具、无人机测量工具、无人机清洁工具、无人机保养工具和无人机检查设备几类。
　　2. 无人机清洁工具一般有哪些？
　　答：无人机清洁工具包括清洁刷、罐装压缩空气、高压水枪、喷雾器、异丙醇、超细纤维布和纸巾等。
　　3. 无人机的设备保养，包括哪些部件的保养？
　　答：机身保养，螺旋桨保养，电动机保养，遥控器保养，云台和相机保养，电池保养，起落架减震圈保养等。
　　4. 长时间不使用的电池应如何进行保养？
　　答：若不使用电池长达 3 个月或电池已经过约 30 次充放电后，那么该电池需进行一次完整的充电和放电过程再保存。

5. 无人机常见的故障有哪些？

答：电池无法充电或电池电量快速下降、GPS 定点悬停时漂移、定点画圈且有发散趋势、GPS 定点时不受控制飞远、空中自由落体、飞行或者悬停时机体晃动、起飞侧倾、无法起飞和自动返航等。

◯ 组织评价

教师对学生学习过程与学习结果进行评价，并将评价结果填入表 7-3。

表 7-3　教师综合评价表

姓名：	班级：		学号：	
学习任务				
学习过程				
评价项目	评价要求		分值	得分
资源素材搜集学习状况	针对引导问题独立搜集相关资料，完成隐性素材资源的学习		10	
学习态度	态度端正、积极，无无故缺勤、迟到、早退现象		10	
团队意识	与小组成员、同学之间相互交流探讨		5	
职业素质	有耐心，细心，有较强的观察分析能力，有质量意识		10	
创新意识	结合任务内容，能发现问题并提出解决问题的思路		5	
学习结果				
评价项目	评价要求		分值	得分
知识能力	1. 掌握无人机维修与保养的常用工具种类及功能 2. 掌握无人机的维修与保养的注意事项及相关技巧		20	
实践技能	1. 能够规范使用常见的保养工具完成无人机的保养工作 2. 能够规范使用常见的维修工具进行无人机的常见故障处理		40	
合计				

参 考 文 献

[1] 高中华，胡乔生，李文君．无人机操控技术 [M]．北京：机械工业出版社，2024.

[2] 马明芳，应世杰，杨苡．无人机操控飞行 [M]．北京：机械工业出版社，2023.

[3] 秦昶，黄勤，周延，等．无人机操控技术 [M]．北京：清华大学出版社，2021.

[4] 梁晓明．无人机操控技术 [M]．北京：化学工业出版社，2021.

[5] 雷晓锋．民用多旋翼无人机操控员培训指南 [M]．北京：北京航空航天大学出版社，2022.

[6] 王洵，杨谨源，冯成龙．固定翼无人机飞行原理与操控技术 (活页式)[M]．成都：西南交通大学出版社，2023.

[7] 李发致，钟仲钢，黄海，等．无人机操控技术与实践 [M]．北京：高等教育出版社，2021.

[8] 周学平，李剑．无人机操控与维修 [M]．杭州：浙江科学技术出版社，2019.

[9] 于坤林．无人机操控技术与任务设备 [M]．北京：北京理工大学出版社，2022.

[10] 杨宇，孔祥蕊．无人机结构与操作 [M]．北京：化学工业出版社，2020.

[11] 王古常．多旋翼无人机组装调试与飞行实训 [M]．重庆：重庆大学出版社，2021.

[12] 崔胜民．轻松玩转多旋翼无人机 [M]．北京：化学工业出版社，2017.

[13] 王古常，李纯军．固定翼无人机组装调试与飞行实训 [M]．重庆：重庆大学出版社，2023.

[14] 王长龙，武斌，李永科，等．无人机飞行控制技术：小型共轴无人直升机控制系统 [M]．北京：科学出版社，2021.

[15] 石磊，杨宇．无人机组装、调试与维护 [M]．西安：西北工业大学出版社，2019.

[16] 党丹丹，余君．无人机项目化教程 [M]．北京：电子工业出版社，2023.

[17] 石磊，夏季风．无人机地面站与任务规划 [M]．西安：西北工业大学出版社，2021.

[18] 邹立颖．固定翼垂直起降飞行器跟踪控制 [M]．哈尔滨：哈尔滨工程大学出版社，2022.

[19] 朱圣洁．无人机驾驶基础及应用 [M]．北京：机械工业出版社，2019.

[20] 于坤林．无人机概论 [M]．北京：机械工业出版社，2019.

[21] 于坤林，施德江，许为．无人机技术基础与技能训练 [M]．北京：机械工业出版社，2020.

[22] 王旭，冯成龙，李志异．无人机维护与维修 [M]．成都：西南交通大学出版社，2022.

[23] 何敏，张斌，梁爽．无人机起飞与回收技术 [M]．上海：上海交通大学出版社，2023.

[24] 戴凤智，王璇，马文飞．四旋翼无人机的制作与飞行 [M]．北京：化学工业出版社，2019.

[25] 翁诚浩．中等职业学校无人机课程教学策略与实践 [J]．现代职业教育·中职中专，2017(4)：85-87.

[26] 柴源．中职学校开设无人机应用专业探讨 [J]．机电技术，2018(4)：117-120.